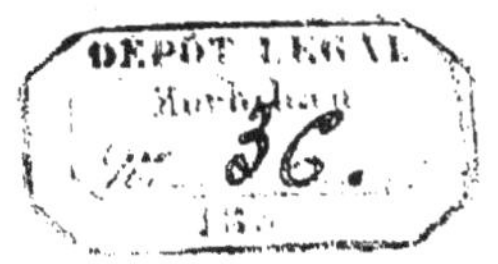

PREMIER CONGRÈS NATIONAL D'APICULTURE COMMERCIALE

PREMIER CONGRÈS NATIONAL
D'APICULTURE COMMERCIALE

Tenu à Paris, Grande Salle du Musée Social

5, rue Las Cases, 5

(5, 6 MAI 1924)

Sous le Haut Patronage de M. le Ministre de l'Agriculture

Présidence de M. HOMMELL

DIRECTEUR DE L'AGRICULTURE DE L'ALSACE ET DE LA LORRAINE

MÉMOIRES ET COMPTES-RENDUS

PUBLIÉS PAR

M. E. POHER

INGÉNIEUR DES SERVICES COMMERCIAUX DE LA COMPAGNIE D'ORLÉANS

PARIS, 1, PLACE VALHUBERT

Publications agricoles de la Compagnie d'Orléans

—

1925

INTRODUCTION

L'Apiculture ne tient pas dans notre pays, notamment à la ferme, la place à laquelle elle a droit. De par sa flore riche et variée, son climat si propice à l'élevage des abeilles, la France peut produire des quantités relativement élevées de produits de qualité, pour la table et pour l'industrie.

Loin de suffire à notre consommation, nous sommes dans l'obligation d'avoir recours chaque année aux productions étrangères. Nous faisons appel aux miels de Cuba, d'Haïti, de Saint-Dominigue, etc...

La France devrait non seulement assurer sa consommation, mais être en outre, en mesure d'approvisionner certains marchés étrangers tels que ceux de l'Angleterre, de la Belgique, de la Hollande, etc...

Cette situation semble devoir être attribuée d'une part au nombre et à l'état de nos ruchers qui tiennent une place insuffisante dans nos exploitations rurales, d'autre part à l'écoulement parfois difficile des récoltes, surtout dans ces dernières années. Il ne suffit pas, en effet, de produire, il faut s'efforcer de vendre le plus avantageusement possible. Pour obtenir des prix rémunérateurs, il est indispensable que miels et cires soient présentés avec art, et s'imposent par leur réputation à la consommation.

Le but du « Premier Congrès d'Apiculture commerciale » était avant tout de rechercher les meilleurs moyens à employer pour développer les débouchés, de mettre en contact, producteurs, commerçants et acheteurs, de connaître leurs desiderata et leurs besoins, notamment en vue de satisfaire les demandes des différents marchés.

Le Comité d'organisation du « Premier Congrès National d'Apiculture commerciale » présente aujourd'hui au public agricole, sous une forme condensée, les mémoires et comptes-rendus des travaux de ce Congrès avec l'espoir que ces documents seront utiles aux uns et aux autres de ces intéressés.

Il tient à remercier la *Société Centrale d'Apiculture*, MM. les Editeurs de *La Vie à la Campagne*, et de l'*Agriculture Nouvelle*, du prêt gracieux des clichés qui illustrent ce travail.

Le Comité d'Organisation.

PREMIER CONGRÈS NATIONAL D'APICULTURE COMMERCIALE

COMITÉ D'HONNEUR

MM.

BORET, Député, ancien Ministre de l'Agriculture.

FERNAND-DAVID, Sénateur, ancien Ministre de l'Agriculture.

GOMOT, Sénateur, ancien Ministre de l'Agriculture.

RICARD, ancien Ministre de l'Agriculture.

VIGER, ancien Ministre de l'Agriculture.

MANGE, Directeur de la Compagnie du Chemin de fer de Paris à Orléans.

BLOCH, Ingénieur en chef adjoint à M. le Directeur de la Compagnie d'Orléans.

HENRY-GRÉARD, chef de l'Exploitation de la Compagnie d'Orléans.

POL CHEVALIER, Sénateur, Président d'Honneur de la Fédération Nationale des Sociétés d'Apiculture de France et des Pays de protectorat.

D'ESTOURNELLES DE CONSTANT, Sénateur, Président de la Société Centrale d'Apiculture.

DONON, Sénateur du Loiret.

GÉO GÉRALD, Député de la Charente.

MONICAULT (DE), Député de l'Ain.

LESAGE, Directeur Général de l'Agriculture.

SAGNIER, Secrétaire perpétuel de l'Académie d'Agriculture.

VOGUÉ (Marquis DE), Président de la Société des Agriculteurs de France.

MARCHAL, de l'Académie des Sciences, Professeur à l'Institut National Agronomique.

LICHTENBERGER, Directeur du Musée Social.

COMITÉ D'ORGANISATION

MM.

HOMMELL, Directeur de l'Agriculture de l'Alsace et de la Lorraine, *Président*.

POHER, Ingénieur des Services Commerciaux de la Compagnie d'Orléans, *Secrétaire général*.

MOREAU, ancien élève de l'Ecole Nationale d'Horticulture de Versailles, agent technique des Services Commerciaux de la Compagnie d'Orléans, *Secrétaire*.

GIRAUD fils, Ingénieur agronome, Le Landreau (Loire-Inférieure), *Trésorier*.

BUREAU

MM.

HOMMELL, Directeur de l'Agriculture de l'Alsace et de la Lorraine, *Président*.

GIRAUD, Président de la Fédération Nationale des Sociétés d'Apiculture de France et des Pays de protectorat, *vice-Président*.

BONAMY, Président du Syndicat National d'Apiculture, *vice-Président*.

SEVALLE, Secrétaire général de la Société Centrale d'Apiculture, *vice-Président*.

POHER, Ingénieur des Services Commerciaux de la Compagnie d'Orléans, *secrétaire général*.

MOREAU, ancien élève de l'École Nationale d'Horticulture de Versailles, agent technique des Services Commerciaux de la Compagnie d'Orléans, *Secrétaire*.

GIRAUD fils, Ingénieur agronome, Le Landreau (Loire-Inférieure), *Trésorier*.

MAMELLE, Maître de Conférences à l'École Nationale d'Agriculture de Grignon, *Commissaire général de l'Exposition d'emballages*.

SOCIÉTÉS ADHÉRENTES

Fédération Nationale des Sociétés d'apiculture de France et des Pays de protectorat.

Société Centrale d'apiculture.

Syndicat National d'apiculture.

* * *

Association syndicale apicole d'Indre-et-Loire.

L'Abeille Bourbonnaise.

L'Abeille de Rouergue.

L'Abeille Vendéenne.

Le Rucher du Périgord.

Le Rucher Limousin.

L'Union des Apiculteurs de l'Anjou.

Société Charentaise d'apiculture.

Société d'apiculture de la Creuse.

Société d'apiculture de la Bourgogne.

Société d'apiculture de l'Ain.

Société d'apiculture de la Gironde.

Société d'apiculture de la Loire-Inférieure.

Société d'apiculture de la Mayenne.

Société d'apiculture de la Sarthe.

Société d'apiculture de l'Est.
Société d'apiculture des Alpes Maritimes.
Société d'apiculture du Lot-et-Garonne.
Société des Apiculteurs de la Charente-Inférieure.
Société des Apiculteurs du Gatinais et du Loiret.
Société Régionale d'apiculture des Bouches-du-Rhône.
Syndicat apicole de Bretagne.
Syndicat apicole la Ruche (Touraine).
Syndicat des Apiculteurs du Berry.
Syndicat avicole et apicole du Limousin.

*
* *

Office agricole départemental de la Creuse.
Office agricole départemental de la Haute-Saône.
Office agricole départemental du Var.
Société d'Agriculture de l'Allier.
Société d'Agriculture, d'Horticulture et d'Acclimatation des Alpes-Maritimes.
Société d'Agriculture, Sciences, Arts et Commerce de la Charente.
Syndicat des Agriculteurs du Cher.
Syndicat agricole de Chartres.
Chambre de Commerce de Saint-Nazaire, etc.

MEMBRES

Melle Provost, 40, quai de Versailles, à Nantes (Loire-Inférieure).

Mmes Blondeau, à Veniers par Loudun (Vienne).

Gallaire, rédacteur à « Chasse, Pêche, Elevage », à Plissier-Huleu (Aisne).

Guiringaud (de), 39, rue François Ier, à Paris.

Lemal, à Lugrin (Haute-Savoie).

Perret, 17, rue Courage, à Grandville (Manche).

Vabre, « Le Pélissier », par Naussac (Aveyron).

MM. Amodru (Laurent), député à Chamarande (Seine-et-Oise).

Argueyrolles, 6, avenue d'Argenteuil, à Levallois-Perret (Seine).

Arodes de Peyriague (d') président de la Sté d'apiculture du Lot-et-Garonne, à Lannes (Lot-et-Garonne).

Authelin, président de la Sté d'apiculture de l'Est, à Essey-les-Nancy (M.-et-M.).

Bakers, trésorier de la Sté d'apiculture de la Mayenne, 10, route de Cosse, à Laval (Mayenne).

Bacus (Abbé), à Chambry (Seine-et-Marne).

MM.

BAILLET, secrétaire de la Sté d'apiculture de la Gironde, 141, rue Belleville, à Bordeaux (Gironde).

BALDENSPERGER, 10, boulevard Raimbaldi, à Nice (Alpes-Maritimes).

BARBE (J.), horticulteur, 20, rue Edith Cavell, à Courbevoie (Seine).

BARRET, 60, rue François Iᵉʳ, à Paris.

BAUDU (E), 42, rue Danton, à Levallois-Perret (Seine).

BEDOUIN (G.), secrétaire général de « l'Abeille Bourbonnaise », à Néris-les-Bains (Allier).

BELLON, 80, boulevard Lamouroux, à Vitry-sur-Seine (Seine).

BENEIX (P.), apiculteur, à Razac sur-l'Isle (Dordogne).

BENOIST (Gal DE), 15, rue Las-Cazes, à Paris.

BERGMANN (L.), 3, rue du Maréchal Foch, à Strasbourg (Bas-Rhin).

BERNARD, directeur des Services agricoles du Loiret, à Orléans.

BERTHEUX (L.), à Sornay, par Louhans (Saône-et-Loire).

BERTHON, député de la Seine, boulevard Saint-Michel, à Paris.

BIERON (R.), à Targé, par Chatellerault (Vienne).

BIETTE (G.), 1, rue de l'Université, à Paris.

BIGNON (H.), à Morainville, sur Damville (Eure).

BILY (R.), 10, avenue de l'Opéra, à Paris.

BORNAND, 31, boulevard Murat, à Paris.

BOUCHAUT, rue de Mézières, à Bourges (Cher).

BOUDET-RENAUX, apiculteur, à Montigny-sur-Chiers (M.-et-M.).

BRANCHER, secrétaire général de la Sté Nationale d'Encouragement à l'Agriculture, 5, avenue de l'Opéra, à Paris.

BUSSEAU (A.), président de la Sté des apiculteurs de la Charente-Inférieure, rue Person, à la Rochelle (Charente-Inférieure).

CAILLARD (R.), apiculteur, à St-Germain des Prés (Loiret).

CAMPAN, inspecteur des Services Commerciaux de la Compagnie d'Orléans à Paris.

CARTERON, rédacteur au « Bulletin des Halles », 33, rue J.-J. Rousseau à Paris.

CHANEAUX (J.), apiculteur, à Port-Lesnay (Jura).

CHARNOTET-VAILLON (H.), à Bussières-les-Belmont (Hte-Marne).

CHASSAIN (E.), apiculteur, à Charmes, par Biozat (Allier).

CHASSIN, 88 *bis*, rue de La Tour Maubourg, à Paris.

CHASSOT (J.), 16, rue Gay-Lussac, à Paris.

CHAUBIN (E.), apiculteur, à Taybosc (Gers).

COYNART Charles (DE), 4, rue de Châteaudun, à Dreux (Eure-et-Loir).

CREPELLIÈRE (P.), apiculteur, à Chemillé (Maine-et-Loire).

CRETEY, apiculteur, 23, avenue de Beaumont à Draveil (Seine-et-Oise).

CREUSILLET (P.), à Cléry (Loiret).

CURY, employé principal à la Compagnie d'Orléans, à Paris.

DANGUY, directeur des Services agricoles de la Loire-Inférieure, 5, rue Fanny-Peccot, à Nantes (Loire-Inférieure).

DARDIGNAC, 6, rue de la Chaine, à Toulouse (Haute-Garonne).

MM.

Darzens, rédacteur au « Journal », 100, rue Richelieu, à Paris.

Debard (F.), avenue Bab-Djedid, à Tunis.

Deche (Charles), apiculteur, à Dourdan (Seine-et-Oise).

Dehors (J.), apiculteur, à Vernon (Eure).

Delaisse (A.), à Gambais (Seine-et-Oise).

Delcambre (M.), vice-président de la Société d'apiculture de la Sarthe, à Theil (Orne).

Delœuvre, 20, rue de la Garenne, à Montgeron (Seine-et-Oise).

Desbois (F.), apiculteur, à Mondru, par Fay-aux-Loges (Loiret).

Donon, sénateur du Loiret, à Orléans.

Dubois (P.), rédacteur au « Courrier agricole et viticole », 35, rue des Petits-Champs, à Paris.

Eck (Abbé), à Dossenheim, près Matzenheim (Bas-Rhin).

Esteoule Frey, agent de la Compagnie française de Mono-Service, 22, rue Martin, à Paris.

Excelmans (Comte), président du Syndicat des apiculteurs du Berry, à Tendu (Indre).

Faerber, rédacteur à l'Agence Havas, place de la Bourse, à Paris.

Fage (A.), rédacteur au Petit Journal, 61, rue Lafayette, à Paris.

Fauchecx (M.), apiculteur, à St-Hilaire-St-Mesmin (Loiret).

Fléau, vice-président de l'Abeille Bourguignonne, à Joigny (Yonne).

Fortuna, apiculteur, 3, rue Thouin, à Paris.

Foucault, apiculteur, à Pithiviers (Loiret).

Gallet, professeur d'apiculture, 60, chaussée St-Pierre, à Amiens (Somme).

Galvin (P.), apiculteur, 5, rue Armand Gauthier, à Paris.

Garnier, rédacteur en chef de « l'Agriculteur du Centre », 11, rue Franciade, à Blois (Loir-et-Cher).

Gaston (R.), avenue de Bellevue, à Montfermeil (Seine-et-Oise).

Gauthier-Lathuille, ingénieur, 116, boulevard Richard-Lenoir, à Paris.

Geoffroy (E.), apiculteur, à Baugé (Maine-et-Loire).

Gibier (H.), 44 bis, avenue de St-Ouen, à Paris.

Gillet (Abbé), à Pringy, par Loisy (Aisne).

Girard (Henri), membre de l'Académie d'agriculture, 26, rue Jacob, à Paris.

Godard, 15, rue Vavin, à Paris.

Grandin, 36, rue Voltaire, à Suresnes (Seine).

Granjean, agriculteur, à Créteil (Seine).

Grosjean, inspecteur général honoraire de l'Agriculture, à Paris.

Guillaume (H.), à Gray (Haute-Savoie).

Guyot (P.), apiculteur, 61, rue Isabey, à Nancy (M.-et-M.).

Herbillon (P.), apiculteur, à Chenay, par Merpy (Marne).

Houllier (M.), 68, avenue Herbillon, à St-Mandé (Seine).

Hug (F.), 12, rue d'Auteuil, à Paris.

Hurrier (P.), président de l'Abeille Vendéenne, à Chantonnay (Vendée).

Jacquet (J.), apiculteur, à La Charité (Nièvre).

Joly, 108, rue Folie-Méricourt, à Paris.

MM.

Kunnen (P.), professeur, à Ettelbruck, Grand Duché de Luxembourg.

Lachaud, secrétaire général de la Sté d'Encouragement à l'Agriculture de
de la Dordogne, à Périgueux.

Lamiaud, (J.), apiculteur, Le Vanneau (Deux-Sèvres).

Langelot, rue Lamartine, à Paris.

Landrieux, Parc St-Maur (Seine).

Landras, (P.), apiculteur, Perthe-en-Gatinais (Seine-et-Marne).

Langlois, à Gambais (Seine-et-Oise).

Lassalle, directeur de l'Ecole Supérieure d'apiculture, 20, avenue Félicie
Cholet à Charenton (Seine).

Lecœur (J.), négociant, à Pont-Levoy (Loir-et-Cher).

Le Forestier, 18, rue St-Jules, à Versailles (S.-et-O.).

Legendre (M.), apiculteur, à Sainville (Eure-et-Loir).

Leleu, 19, rue Vaneau, à Paris.

Lesourd, rédacteur en chef à « La Gazette du Village », à Paris.

Lestang, Professeur d'agriculture, 5, rue Montauriol, à Bergerac (Dordogne).

Leviel, 7, rue du Colonel Oudot, à Paris.

Mazière (Abbé), à Angeac-Champagne (Charente).

Mellot (A.), apiculteur, à Sury près Léré (Cher).

Michaud (Y.), apiculteur, rue Hoo à Pau (Basses-Pyrénées).

Morin (A.), apiculteur, route de Vierzon, à Salbris (Loir-et-Cher).

Morin, apiculteur, Prégilbert (Yonne).

Morisset (G.), apiculteur, à St-Saturnin-du-Bois (Charente-Inf.).

Mothre (A.), président de la Sté d'apiculture de la Bourgogne, à Héry (Yonne).

Neulat, 87, rue de Rome, à Paris.

Nusselet, à Cléry (Loiret).

Nuss, rédacteur en chef de « L'Agriculture Nouvelle », 13, rue d'Enghien,
à Paris.

Palledu-Prive, à Etréchy (Seine-et-Oise).

Paris, contrôleur des Services Commerciaux à la Cie P. L. M., à Paris.

Pasquier (R.), 60, avenue de Paris, à Auneau (Eure-et-Loir).

Paulhoc (C.), 10, avenue des Minimes, à Vincennes (Seine).

Perthuy (C.), apiculteur, 4, rue Ronsard, à Angers (M.-et-L.).

Petit (R.), apiculteur, à Méréville (Seine-et-Oise).

Philippart, 36, rue Lafayette, à Paris.

Pierret (J.), apiculteur, à Joppecourt (M.-et-M.).

Pigny, représentant de commerce, à Levallois-Perret (Seine).

Pol-Chevallier, Sénateur, président d'Honneur de la Fédération Nationale
des Sociétés d'apiculture de France.

Porcheray, 110, rue de Crimée, à Paris.

Possot, 182, avenue de Versailles, à Paris.

Régnier, apiculteur, à Saran (Loiret).

Renaud (H.), directeur du Syndicat agricole d'Anjou, 27, rue Chevreul, à
Angers (M.-et-L.).

Riberon, 27, rue de Villiers, à Neuilly (Seine).

MM.

RICHEBOURG (J.), à Gournay en Bray (Seine-Intérieure).

ROBERT (A.), apiculteur, route de Dugny, à Verdun (Meuse).

ROBINEAU (II.), « Les Cotteaux », commune de Ste-Paterne (I.-et-L.).

ROCHE (J.), 1, rue Trétaigne, à Paris.

ROCHE, président du Syndicat avicole et apicole limousin, 12, faubourg Montjovis, à Limoges (Hte-V.).

ROZERAY, directeur des Services agricoles, à Niort (Deux-Sèvres).

ROUSSEL, à Guiscard (Oise).

SALVAT-BIRE, apiculteur, à Morcenx (Landes).

SEVALLE, secrétaire général de la Sté Centrale d'apiculture, 28, rue Serpente, à Paris.

SEVENSTER, conseiller d'agriculture des Pays-Bas, 85, rue de Grenelle, à Paris.

SIMON, attaché à la Compagnie des Chemins de fer de l'Est, 87, rue des Archives, à Paris.

TARRON (P.), secrétaire de la Fédération Régionale des Stés d'apiculture du Sud-Ouest, à Maucor (Basses-Pyrénées).

TASTA, rédacteur à l'Echo National, à Paris.

TELLIER (M.), secrétaire de la Sté d'apiculture du Gatinais et du Loiret, à Ascoux (Loiret).

TERLEZ, représentant de la Sté Générale des Cires de Montluçon, 18, rue du Foin, à Paris.

THOMAS, avenue des Chalets, à Paris.

VANVOOREN, industriel, apiculteur, 6, rue Condorcet, à Courbevoie (Seine).

VILLENEUVE (DE), « La Brunetterie », à Sèvres, par St-Julien-l'Ars (Vienne).

LISTE DES FABRICANTS AYANT PRIS PART A L'EXPOSITION D'EMBALLAGES

MM.

ESTEOULES FREY, 22, rue St-Martin, à Paris.

FRANCK et ses fils, 150-152, rue du Vivier, à Aubervilliers (Seine

JOVIGNOT, 15, rue de la Vanne, à Montrouge (Seine).

LEUNE, Etablissements, 28 bis, rue du Cardinal Lemoine, à Paris.

LEVY fils et HAUSER (A.), 9, place des Vosges, à Paris.

RÉBICHON, 3 et 5, rue de l'Hôpital St-Louis, à Paris.

Sté de Villiers-Bocçage, 6, rue d'Amsterdam, à Paris.

RÈGLEMENT

Article Premier. — Organisé par les Services Commerciaux de la Compagnie d'Orléans, sous le haut patronage de M. le Ministre de l'Agriculture, en collaboration avec les principales Sociétés apicoles françaises, le « Premier Congrès National d'Apiculture Commerciale » aura lieu à Paris les 5 et 6 mai 1924, Grande Salle du Musée Social, 5, rue Las-Cases.

Art. 2. — Ce Congrès examinera la situation actuelle de la production apicole dans les diverses régions du pays, les améliorations à réaliser dans les méthodes de vente des miels et cires, plus spécialement en ce qui concerne l'emballage, le transport, la conservation et la présentation de ces produits.

Il étudiera en outre les moyens de publicité et de propagande propres à développer les débouchés en France et à l'Étranger.

Art. 3. — Des Rapporteurs seront désignés pour l'étude préalable et l'exposé des principales questions. Ils prépareront les vœux à soumettre au Congrès.

Art. 4. — L'adhésion au Congrès est gratuite. Le dernier délai d'inscription est fixé au 25 avril 1924.

Art. 5. — Le Congrès comprendra 3 séances, la séance d'ouverture étant fixée au lundi 5 mai à 14 h. 30 et les autres au mardi 6 mai, le matin de 9 h. à 12 h. et le soir de 14 h. 30 à 18 heures.

Art. 6. — Les Comptes rendus des séances et les Rapports Généraux seront réunis en un volume qui sera envoyé ultérieurement aux adhérents qui auront, avec leur adhésion, fait parvenir la somme de 8 frs. au Secrétariat Général.

Art. 7. — Pour l'inscription et toutes communications relatives au Congrès, s'adresser à M. Poher, Ingénieur des Services Commerciaux de la Compagnie d'Orléans, 1, place Valhubert à Paris (13ᵉ).

SÉANCE D'OUVERTURE

Le « Premier Congrès National d'Apiculture Commerciale » s'est ouvert à Paris le 5 mai 1924, grande Salle du Musée Social, 5 rue Las Casos, sous la présidence de M. Hommell, Directeur de l'Agriculture de l'Alsace et de la Lorraine.

Avaient pris place au Bureau :

MM. Albert Laurent, Inspecteur Général de l'Agriculture, représentant M. le Ministre de l'Agriculture ; Grosjean, Inspecteur Général Honoraire de l'Agriculture ; Ricard, ancien Ministre de l'Agriculture ; Poher, Ingénieur des Services Commerciaux de la Compagnie d'Orléans ; Giraud, Président de la Fédération Nationale des Sociétés d'Apiculture de France et des Pays de Protectorat ; Bonamy, Président du Syndicat National d'Apiculture ; Sevalle, Secrétaire général de la Société Centrale d'Apiculture ; Donon, Sénateur du Loiret.

Environ deux cents personnes assistaient à cette manifestation au premier rang desquelles figuraient de nombreux représentants des divers groupements apicoles français.

Etaient présents dans la salle :

Mmes Gallaire. de Guiringaud, Peret, Rochel, etc.

MM. Terlez, Tasda, Dardignac, Pigny, Argueyrolles, Faerber, Lesourd, Morin, Berthon, Robert, Le Forestier, Barbier, Joly, Pique, de Villeneuve, Bornaud, Vanvooren, Authelin, Jacquet, Général de Benoist, Mathieu, Guyot, Bergmann, Roche, Couallier, Tellier, Simon, Sicot, Fayot, Sevenster, Landras, Biette, Carteron, Bignon, Barret, Possot, Hug, Lassalle, Leviel, Galland, Dubois, Foucault, Lachaud, Veriet, Mothré, Baudu, de Coynard, Vabre, Baillet, Pabau, Cretey, Delaisse, Estéoule, Debord, Houillier, Gervais, Nusillet, Gallet, Paris, Nuss, Cek, Legendre, Faucheux, Roche, Philippart, Fage, Thomas, Roseray, Lancelot, Landrieux, Langlois, Crepellière, Sagnier, Henry Girard, Roussel, Mamelle, Baillet, etc., etc.

Discours de M. le Président du Congrès.

M. Hommell ouvre la séance en prononçant l'allocution suivante :

Mesdames, Messieurs,

Le Premier Congrès National d'Apiculture Commerciale qui s'ouvre aujourd'hui sous le haut patronage de Monsieur le Ministre de l'Agriculture et dont l'initiative et l'organisation sont dues aux Services Commerciaux de la Compagnie du Chemin de fer de Paris à d'Orléans, avec le concours de nos principales sociétés apicoles, marquera une époque dans l'histoire de l'Apiculture française.

C'est un grand honneur pour moi d'avoir été appelé à le présider et j'en remercie les organisateurs en mon nom personnel, mais surtout au nom de mes compatriotes alsaciens et lorrains à qui cet honneur s'adresse beaucoup plus qu'à moi-même. Ils ont souffert pendant plus d'un demi-siècle d'une douloureuse séparation et aujourd'hui que, grâce à la vaillance et aux sacrifices sanglants des armées françaises et alliées, la victoire du droit sur la force les a réintégrés pour toujours dans l'unité française, ils sont heureux de venir collaborer à l'œuvre commune en vous apportant le résultat de leurs travaux et de leur expérience. Leurs représentants sont au milieu de vous. *(Applaudissements).*

Au lendemain de la libération, ils se sont hâtés d'entrer en relations avec vous et l'affectueux empressement avec lequel vous les avez accueillis, les a profondément touchés. Le Congrès qui s'est tenu l'an dernier à l'occasion du centenaire de Pasteur leur a procuré la grande joie de recevoir, à leur tour, leurs collègues à Strasbourg.

Permettez moi de vous retracer ici en quelques mots l'œuvre qu'ils ont accomplie pendant les années d'attente. Dès 1865, le pasteur Bastian de Wissembourg réunissait dans son rucher une douzaine d'amateurs d'abeilles pour jeter les premières bases d'une Association. Le 1ᵉʳ octobre 1868, la Société d'Apiculture était définitivement fondée et s'orientait immédiatement vers les méthodes modernes du mobilisme ; un an après, elle tenait à Haguenau sa première Assemblée générale, mais la guerre franco-allemande venait subitement rompre le lien qui unissait nos deux provinces à la Mère-patrie. La Société d'Apiculture d'Alsace et de Lorraine n'a cependant pas cessé de travailler et de se développer en attendant l'heure de la délivrance.

En 1872, elle comptait 600 membres, en 1913, 6610 et à l'heure actuelle 7296, répartis en trois groupes départementaux et 96 sections. Sur 1000 ruches dénombrées par la statistique on en comptait, en 1873, 366 sur cadres mobiles, actuellement près de 900 ; autant dire que notre apiculture alsacienne-lorraine est presque entièrement mobiliste. Le progrès a donc été ininterrompu.

J'ai pensé qu'au moment où s'ouvre ce Congrès, il serait bon de tracer à grands traits l'histoire de l'apiculture et de ses principales transformations.

Depuis l'époque où notre ancêtre préhistorique s'emparait du miel des abeilles sauvages logées dans des anfractuosités de rochers ou dans des arbres creux, l'industrie apicole a passé par des étapes dont chacune est marquée par une découverte importante dans la biologie des abeilles ou dans la construction et la conduite des ruches. Les anciens auteurs dont les connaissances sur ces points étaient rudimentaires ou erronées ne nous apprennent pas grand chose d'utile. Il faut arriver jusqu'au début du XIX⁰ siècle pour que le mystère de la ruche soit éclairé d'une lumière scientifique par les magnifiques expériences d'un aveugle de génie, Huber, avec l'aide de Burnens son fidèle serviteur. Nous lui devons, entre autres choses, la connaissance du mode de fécondation des reines en plein vol, la confirmation de la découverte par Riem des ouvrières pondeuses et des vues exactes sur l'origine de la cire.

Peu avant lui, Schirach avait montré que les ouvrières considérées par Swammerdam, Réaumur et Maraldi comme des neutres, étaient en réalité des femelles restées incomplètement développées, par le manque d'une nourriture spéciale et un logement trop étroit ; que leur transformation en reine était possible, si les deux conditions précitées étaient réalisées, sur des larves âgées de moins de trois jours. Cette théorie, vérifiée par l'expérience de tous les jours, permet de réaliser au gré de l'apiculture l'essaimage artificiel, la multiplication des colonies et l'élevage des reines.

En 1845, Dzierzon émet sa fameuse théorie d'après laquelle tout œuf ayant reçu l'imprégnation de l'élément mâle se développera en femelle, ouvrière ou reine et tout œuf non imprégné donnera au contraire un mâle. Vous vous souvenez des discussions passionnées qui se sont élevées et qui durent encore aujourd'hui autour de cette théorie, qui cependant est généralement acceptée. Il convient de garder la modestie scientifique et si l'expérience prouve que la théorie de Dzierzon se vérifie en apparence, cela montre peut-être tout simplement que nous ne connaissons pas encore tous les modes de fécondation.

A ces découvertes capitales d'autres chercheurs ajoutent tous les jours des matériaux nouveaux, mais avec elles on peut dire que la première période, celle de l'étude de la biologie des abeilles est, sinon close, du moins assez avancée pour permettre d'en ouvrir une seconde que nous pourrons appeler la période de la pratique.

Après un long usage des ruches à rayons fixes, dont l'emploi se perfectionne, grâce aux conseils des Vignole, des Hamet, des Colin et de beaucoup d'autres praticiens, Dzierzon, en 1838, a le premier l'idée de rendre le rayon mobile ; Debeauvoys, en 1844, perfectionne cette invention en entourant le rayon d'un cadre complet ; Langstroth et Berlepsch, en 1852, suspendent ces cadres dans la ruche sans que les côtés touchent aux parois, les rendant ainsi complètement mobiles. L'apiculture devenait véritablement pratique, puisqu'au lieu de manier la ruche lourde et encombrante, le mobiliste manie le cadre léger et de déplacement facile. Cela permet de ne plus tenir compte du poids et du volume du logement et par suite d'augmenter le rendement moyen d'une colonie en lui donnant la possibilité d'acquérir son développement normal et sa puissance d'effort maxima.

La cire gaufrée, l'invention de l'extracteur centrifuge, finissent d'industrialiser l'apiculture ; on ne discute plus que sur des questions de forme, de dimensions des cadres et de capacité du logement. On paraît s'être arrêté à deux modèles principaux : la ruche à hausses du type Dadant et la ruche horizontale du type Layens, dont toutes les autres se rapprochent, en principe, plus ou moins.

Nous entrons maintenant dans la période de la propagande et ici il faut se hâter de rendre un hommage mérité aux Sociétés d'Apiculture et à leurs membres actifs qui, avec une inlassable persévérance, ont propagé les bonnes méthodes par l'exemple et par la parole.

Je devrais, Messieurs, vous nommer tous. Ne pouvant le faire, je ne citerai qu'un nom, qui nous est cher à tous, celui de l'infatigable Secrétaire général de la Société d'Apiculture de France, M. Sevalle ; collaborateur, puis successeur d'Hamet, à la tête de l'apiculture, Directeur-professeur du rucher école du Luxembourg ; il est sur la brèche depuis 36 ans... Tous les apiculteurs lui doivent une particulière reconnaissance et je suis certain d'être votre interprète en lui en offrant l'unanime expression.

Le Ministère de l'Agriculture s'est associé à ces efforts et j'ai eu l'honneur d'être chargé, de 1899 à 1918, de la première chaire régionale d'apiculture créée en France. Je l'occuperais sans doute encore, si l'heureuse délivrance de l'Alsace et de la Lorraine ne m'avait fait appeler à d'autres fonctions ; mais ma présence ici vous prouve que je n'ai pas perdu le contact ni avec les abeilles, ni avec l'apiculture.

L'apiculture est inscrite au programme des Offices agricoles et une station apicole spéciale, prévue dans le développement de l'Institut des Recherches agronomiques, a commencé ses travaux par des recherches sur la maladie des abeilles.

Le Président de la Société Centrale d'Apiculture, M. le Sénateur d'Estournelles de Constant, défendit avec éloquence notre cause devant le Parlement.

L'heureuse initiative du Service Commercial de la Compagnie d'Orléans dirigé par un Ingénieur agronome, M. Poher, s'est manifestée par un concours actif apporté aux journées apicoles de Châteauroux, organisées en collaboration avec le Syndicat des Apiculteurs du Berry, dans le but de donner aux visiteurs les connaissances théoriques et pratiques nécessaires à l'exploitation rationnelle de nos ruchers. Des expositions ambulantes d'apiculture réalisées par le même service, avec le concours des Offices agricoles, sont venues apporter toutes les démonstrations utiles dans l'ouest, le centre et la Bretagne.

L'apiculture française se développe ainsi en quantité et en qualité. Mais à quoi servirait l'obtention de millions de kilogrammes de miel, si la vente en devenait impossible, par suite d'une surproduction due à l'ignorance indifférente du consommateur. Cette question angoissante préoccupe depuis longtemps les producteurs et des tentatives couronnées jusqu'à présent de résultats insuffisants, ont été tentées.

Nous entrons donc dans une dernière période que j'appellerai du nom même que les organisateurs de ce congrès lui ont donné, la période commerciale. Le travail auquel la Compagnie d'Orléans vous convie est de la plus haute importance, il soulève de nombreux problèmes : organisation de la vente, préparation et représentation des produits, leurs divers emplois, publicité et propagande, questions douanières, concurrence des cires et des miels étrangers, répression de la fraude, etc...

Sur ce dernier point, la situation s'est notablement améliorée par le vote de la loi du 15 juillet 1924 que nous devons à l'initiative de M. le Dr Doizy, député des Ardennes, dont le projet fut repris par M. André Berthon, député de Paris. La loi a été complétée par une circulaire aux agents du service de la Répression des Fraudes et cet ensemble de textes paraît assurer aujourd'hui une protection efficace aux produits de nos ruchers.

Les questions douanières sont particulièrement délicates, car une élévation trop grande des droits risque d'amener des répercussions fâcheuses. Une autre voie s'ouvre peut-être à vous, c'est l'application au miel de la loi du 6 mai 1919 sur les appellations d'origine.

La durée du Congrès est limitée à trois séances et nous avons un programme chargé. Je ne m'étendrai donc pas davantage sur les questions qui nous intéressent ; mais avant de donner la parole à M. le Secrétaire général, permettez-moi de remercier ici tout d'abord M. le Ministre de l'Agriculture du Haut Patronage qu'il a bien voulu accorder au Congrès. Je remercie son représentant M. l'Inspecteur Général Laurent et le prie de vouloir bien transmettre à Monsieur le Ministre, l'expression de notre respectueuse gratitude et l'assurance de notre entier dévouement.

Je remercie M. Ricard, ancien Ministre de l'Agriculture, d'avoir bien voulu nous donner le témoignage de l'intérêt qu'il apporte à toutes les questions agricoles ; je suis votre fidèle interprète en le remerciant de sa présence au milieu de nous.

Je salue M. Grosjean, Inspecteur Général Honoraire de l'Agriculture, auquel j'ai eu l'honneur de succéder à Strasbourg.

A M. Mange, Directeur de la compagnie du chemin de fer de Paris à Orléans, à toutes les personnalités de la Compagnie qui ont organisé ce Congrès et contribué à son succès, nous adressons nos bien vifs remerciements pour l'empressement soutenu qu'ils ont apporté à la propagation des nouvelles méthodes qui mènent l'apriculture au progrès. Je prie M. Poher d'être notre interprète auprès de son Administration.

Je remercie tous les Membres du Comité d'honneur ainsi que M. Lichtenberger, Directeur du Musée Social, de l'hospitalité qu'il a bien voulu nous offrir.

Je vous remercie, Mesdames, Messieurs, d'être venus aussi nombreux. J'espère que vous serez assidus aux travaux de cette manifestation; les questions à traiter étant de la plus haute importance.

Mes remerciements vont aussi à MM. les Rapporteurs pour les travaux qu'ils ont entrepris, base des précieux rapports qu'ils vont nous présenter.

Je remercie enfin les Sociétés qui, en très grand nombre, de tous les points de la France, sont venues travailler en commun en faveur de l'apiculture française.

Le Congrès est heureusement complété par une EXPOSITION D'EMBALLAGES, dont je remercie les exposants et leur commissaire général M. Mamelle.

Je déclare ouvert le « Premier Congrès National d'apiculture commerciale » et donne la parole à M. Poher, Secrétaire général, qui va nous présenter succintement, mais dans leur ensemble, les questions qui vont faire l'objet des travaux de nos réunions.

Allocution de **M.** le Secrétaire général.

MESDAMES, MESSIEURS,

Permettez-moi de m'associer aux remerciements que vient d'adresser notre éminent Président à MM. Laurent, Inspecteur Général de l'Agriculture, représentant M. le Ministre de l'Agriculture ; Ricard, ancien Ministre de l'Agriculture, Grosjean, Inspecteur Général Honoraire de l'Agriculture ; à MM. les Membres du Comité d'Honneur, Lichtenberger, Directeur du Musée Social, aux Représentants des Sociétés Apicoles, et de la Presse.

Merci, Mesdames, Messieurs d'avoir répondu avec empressement à l'appel des Organisateurs de cette importante manifestation. Soyez assurés que les Services Commerciaux de la Compagnie d'Orléans suivent avec grand intérêt tous vos efforts en faveur de l'apiculture et qu'ils sont tout disposés à collaborer avec vos Groupements au développement et à la commercialisation de cette branche de l'Agriculture Nationale.

Devant les difficultés rencontrées parfois par l'apiculteur pour bien vendre ses produits, l'importance prise par nos importations, les possibilités d'exportation, il paraissait intéressant d'examiner soigneusement ces diverses questions, d'entreprendre en un mot l'éducation commerciale de celui qui produit.

C'est ce que comprirent les Services commerciaux de la Compagnie d'Orléans en organisant ce « Premier Congrès National d'apiculture commerciale » sous le Haut Patronage de M. le Ministre de l'Agriculture et en collaboration avec les principales Sociétés apicoles françaises.

Le Comité d'Organisation de ce Congrès sous la Présidence de M. Hommell que vous connaissez tous comme un fervent de l'apiculture a élaboré un programme aussi pratique que possible. L'étude des articles de ce programme a été confiée aux personnalités les plus qualifiées chargées de vous présenter leurs conclusions et de vous proposer des vœux.

Après un tableau d'ensemble de notre production apicole permettant de connaitre l'importance et la qualité des divers produits obtenus dans nos ruchers, nous aurons à envisager les questions relatives à la vente de ces produits sur nos marchés et sur ceux de l'étranger.

L'étude de la présentation des miels et cires, de leur bon emballage pour l'expédition, retiendra notre attention.

Nous examinerons en outre, les sérieux efforts de propagande et de publicité à réaliser auprès des consommateurs pour faire mieux connaître et apprécier nos produits.

Les divers emplois agricoles et industriels des miels et cires présentés, le congrès examinera l'influence fâcheuse des fraudes dans le commerce des produits apicoles.

Tel se présente dans son ensemble le tableau des travaux que nous allons entreprendre.

Nous avons l'espoir que ce Congrès, en réalisant ce programmes, fera œuvre utile et que tous sauront tirer de cette manifestation, des forces nouvelles susceptibles de soutenir nos efforts par un avenir meilleur.

M. Laurent. — Je remercie M. Hommell des paroles très aimables qu'il a prononcées à l'égard de Monsieur le Ministre de l'Agriculture que je représente ici.

L'Administration de l'agriculture suit avec le plus grand intérêt les travaux que vous allez entreprendre en réalisant ce programme et vous pouvez compter sur son concours dans toute la mesure où il pourra vous être utile.

LES PRODUITS DE L'APICULTURE FRANÇAISE : LEURS QUALITÉS COMMERCIALES, LEUR IMPORTANCE PAR NATURE ET PAR RÉGION

Par M. GIRAUD
*Président de la Fédération Nationale des Sociétés
d'Apiculture de France.*

GÉNÉRALITÉS

Nos cires, et surtout nos miels sont de qualités très diverses. Ces derniers sont représentés par toute une gamme de parfums, de couleurs et cette diversité est tellement grande qu'il est presque impossible d'en dresser une liste complète.

Les miels blancs de sainfoin du Gatinais et du Poitou, au parfum si subtil, voisinent avec les miels de mélilot, de sainfoin et de trèfle de la Champagne et de l'Est qui sont un peu plus colorés et d'une saveur aussi agréable. Nos miels de montagne : des Alpes (Chamonix), du Massif Central, des Pyrénées, récoltés sur la lavande, le thym, le serpolet, rappellent par leur parfum les miels si réputés de l'Hymette. Les Vosges produisent un miel spécial de sapin, très recherché. Nos miels de bruyère qu'ils soient de l'Est, du Massif Central ou du Sud-Ouest peuvent rivaliser avec les miels d'Ecosse si réputés en Angleterre, et nos miels de sarrasin de Bretagne, de Normandie et de Sologne sont justement appréciés à l'étranger et sans rival pour la fabrication du pain d'épices.

Il n'est donc pas surprenant que l'apiculture soit assez répandue dans certaines régions de France. Et pourtant, le nombre de nos ruches tend à diminuer. Si nous examinons les statistiques, nous trouvons que le nombre des ruches qui dépassait 2.400.000 unités en 1862 tombait à moins de 2.000.000 en 1882 et environ à 1.600.000 en 1892. L'évaluation du nombre de ruches n'a pas été faite depuis cette époque, mais il y a lieu de supposer que ce nombre a encore diminué. Cette diminution porte surtout sur les ruches vulgaires qui, pour différentes raisons tendent à disparaître. Il n'y a guère que les vieux « mouchiers » qui tiennent encore à ces paniers.

Dans le Sud-Ouest, en Bretagne et dans le Massif Central, la ruche fixe est encore très employée. L'étouffage est la règle, et c'est par dizaines de mille qu'on peut compter les colonies étouffées. Dans ces régions l'apiculture très simpliste consiste à cueillir et à loger des essaims, puis à étouffer les plus vieilles colonies à l'automne. C'est l'importance de l'essaimage qui

fixe le nombre de colonies à étouffer, le mouchier enconservant toujours
une même quantité comme pépinière. Il résulte de cette manière de faire
que dans les années peu propices à l'essaimage, par suite d'une miellée
courte mais abondante, les mobilistes feront une bonne récolte, alors que
les fixistes, dont les paniers seront bondés de miel, mais dont le nombre
de colonies n'aura pas sensiblement augmenté, ne vendront qu'une petite
quantité de miel.

En général, dans toute la France, sauf dans ces régions, l'étouffage
disparaît. Les ruches fixes sont taillées, c'est-à-dire qu'une partie du miel
est prélevée sans qu'on détruise les abeilles. Cette opération se fait généra-

Cliché *Agriculture nouvelle.*

Fig. 1. — Un groupe de ruches fixes.

lement à l'automne ; dans certaines régions cependant on la pratique au
printemps.

L'étouffage ne se fait plus guère que dans les régions où le miel
en brèches est recherché pour la vente en gros ; Bretagne, Landes, Sologne.
Certains mouchiers en tirent un revenu qui, bien que très irrégulier est
appréciable, surtout si l'on observe que la main-d'œuvre est à peu près
nulle. Malgré la diminution du nombre des ruches, la production du miel
n'a guère diminué. Ainsi en 1920, cette production atteignait 66.552 quintaux contre 75.000 en 1892. Il y a lieu de tenir compte qu'en 1920, les
ruchers de France n'avaient pas encore atteint l'importance qu'ils avaient

avant la guerre, et cela, non seulement dans la zone « rouge », mais encore à l'intérieur où de nombreux ruchers avaient souffert de l'absence de leurs propriétaires.

Du fait de la diminution du nombre de ruches, alors que la production du miel est à peu près constante, il résulte une augmentation du rendement moyen par colonie. Ce fait caractéristique s'explique par l'emploi plus fréquent de la ruche à cadres qui tend à se répandre de plus en plus dans toute la France. Les méthodes employées qui cependant, dans bien des cas, laissent à désirer, sont en général satisfaisantes. Nous devons ce progrès à la propagande faite par les Sociétés d'apiculture et au dévouement inlassable de nombreux apôtres, entr'autres M. Hommell, Président de ce Congrès. Il faut noter en outre que les cours élevés du miel pendant la

Fig. 2. — La récolte dans les ruches fixes.

disette de sucre des années de guerre, ont créé un engouement en faveur de notre industrie, que seul a réfréné le prix élevé du matériel.

Si la production du miel s'est maintenue malgré la diminution du nombre des ruches, il n'en est pas de même de la production de la cire qui atteignait plus de 20.000 quintaux en 1892 et n'en accusait que 3.490 en 1919, pour remonter à 6.090 en 1920. La cause unique de cette diminution réside dans la disparition progressive de l'étouffage et dans l'emploi de plus en plus répandu de la ruche à cadres. On sait, en effet, que les méthodes modernes d'apiculture ne donnent guère que la cire provenant des opercules, alors qu'avec les méthodes plus primitives tout le rayon étant fondu, on en obtient des quantités beaucoup plus considérables. Les gros négociants en cire se plaignent beaucoup de la rareté de ce produit consécutive à l'emploi des méthodes rationnelles d'apiculture. Il faut noter d'ailleurs que, pour beaucoup d'industries, la cire d'abeilles est remplacée par des cires végétales ou minérales.

IMPORTANCE DE LA PRODUCTION

A) **Miel.** — Les statistiques fournies par le Ministère de l'Agriculture donnent pour la production du miel en 1920, le chiffre de 66.853 quintaux. Mais en tenant compte que 16 départements n'ont pas fourni de chiffres, on peut admettre une production totale approximative de 75.000 quintaux.

Il faut observer que les statistiques laissent souvent à désirer comme exactitude, aussi j'ai tenu à prendre des renseignements auprès des Sociétés d'apiculture. Les chiffres qui m'ont été ainsi fournis sont plus élevés que ceux des statistiques officielles d'environ 20°/₀ et j'ai tout lieu de supposer qu'ils sont plus exacts.

Les départements qui produisent le plus de miel sont : la Moselle (5.210 quintaux), l'Ille-et-Vilaine (4.300 quintaux), la Côte-d'Or (3.740 quintaux), l'Aveyron (2.290 quintaux), le Finistère (2.100 quintaux), la Savoie (2.000 quintaux) ; en outre 15 départements, au total, fournissent plus de 1.000 quintaux. Ce sont les pays d'élevage et de prairies artificielles (notamment de sainfoin) qui produisent le plus de miel. Les régions où le sarrasin est cultivé sur de grandes étendues en produisent une importante quantité ; c'est le cas des départements bretons du Finistère, de l'Ille-et-Vilaine et du Morbihan.

Par contre ce sont les départements où domine la culture de la vigne qui sont les plus faibles producteurs : Gard (30 quintaux), Gers (130), Haute-Garonne (120), Pyrénées-Orientales (140), etc... Il faut observer que certains départements, dits « viticoles » n'ont pas des surfaces en vigne très étendues et ne sont ainsi réputés que par l'excellente qualité de leurs vins. Ils peuvent produire des quantités appréciables de miel, si le reste de leurs cultures se prête à l'élevage des abeilles. Tel est le cas de la Côte-d'Or qui produit 3.740 quintaux de miel, de l'Aube 1.280 quintaux.

B) **Cire.** — Comme nous l'avons dit précédemment, la production de la cire diminue de plus en plus en France ; les statistiques officielles accusent 6.090 quintaux en 1920 contre 22.518 en 1892. Nous avons vu que cette diminution tenait à la disparition progressive de la méthode primitive de l'étouffage. Il ne faut donc s'attendre à trouver des quantités importantes de cire que dans les régions où ces méthodes sont toujours en honneur, soit qu'on y pratique encore l'étouffage, soit qu'on se contente de prélever une partie des brèches de chaque panier sans détruire les abeilles.

Les départements bretons où l'étouffage se pratique sur une grande échelle, sont de gros producteurs de cire : Ille-et-Vilaine (290 quintaux), Côtes-du-Nord (200 quintaux), viennent ensuite la Provence, l'Orléanais, le

Gatinais et le Centre où se trouvent encore de nombreux paniers : Loiret (280 quintaux), Indre (210 quintaux).

Les régions dans lesquelles l'apiculture mobiliste est bien développée produisent peu de cire : Meuse (10 quintaux), Yonne (10 quintaux), etc...

LES RUCHERS

Dans les régions où l'apiculture est conduite industriellement on trouve des ruchers importants. En Gatinais, Beauce, Bourgogne, Provence, dans les Landes, la Bretagne, les apiculteurs possèdent des ruches par centaines ; il en est qui en ont plus de 1.000 unités. Toutefois, la plupart des ruchers contiennent moins de 20 colonies. Il existe cependant beaucoup de propriétaires, de cultivateurs, d'ouvriers et de fonctionnaires qui possèdent jusqu'à 60 et 80 colonies et se procurent ainsi un revenu qui n'est pas négligeable. La dernière statistique officielle donnant le nombre des

Cliché *Vie à la campagne.*

Fig. 3 — Un rucher Gâtinais,

ruches en France date de 1892. Elle accuse un chiffre de 1.603.752 ruches en activité ; aucune distinction n'est faite entre les ruches fixes et les ruches à cadres. Malgré l'absence de données officielles depuis cette époque, on peut affirmer que le nombre des paniers a diminué, alors que le nombre de ruches à cadres a notablement augmenté jusqu'en 1914. Pendant la guerre, beaucoup de ruchers ont été détruits et d'autres ont périclité par suite de l'absence de leurs propriétaires. On tend actuellement à revenir aux chiffres d'avant guerre.

Il est à présumer que dès que les conditions économiques seront devenues plus favorables à l'achat du matériel moderne, la ruche à cadre-continuera à se répandre et supplantera la ruche fixe.

Quant à la répartition des ruches en France, il suffit de se reporter à ce qui a été dit au sujet de la production du miel. Ce sont évidemment les départements qui en produisent les plus grosses quantités qui comptent le plus de colonies. Les statistiques de 1892 donnent comme départements où l'on rencontre le plus de ruches : les Côtes-du-Nord (65.000 colonies), le Finistère (63.548), l'Ille-et-Vilaine (60.000), la Corrèze (56.000). Ceux qui en comptent le moins sont : la Haute-Garonne (3.098), le Gers (4.600) l'Aube (6.430) les Alpes-Maritimes (6.000). Cette proportion a dû se maintenir à peu près constante jusqu'à maintenant, exception faite pour les départemen's envahis.

LES RENDEMENTS

La statistique de 1892 donne comme rendement moyen par ruche 4 kgrs 65 de miel et 1 kg. 49 de cire. Ce dernier chiffre est évidemment

Cliché *Vie à la campagne.*

FIG. 4. — Un rucher breton.

très exagéré et ne correspond nullement à la réalité. Le chiffre donné pour le rendement en miel est, par contre, plus près de la vérité ; c'est la moyenne obtenue avec les ruches fixes. Pour les ruches à cadres elle est plus élevée et varie de 10 à 25 kgrs. Dans certaines régions favorisées par des miellées successives : Nord-Est, Ouest, Sud-Est, etc... on peut obtenir des rendements encore plus élevés. L'apiculture pastorale pratiquée en Beauce, en Provence, en Bretagne permet d'obtenir un rendement de 20 à 30 kgrs , mais il faut tenir compte des soins méticuleux qu'exige ce système.

QUALITÉS COMMERCIALES DES MIELS ET CIRES

De plus en plus, grâce à l'utilisation des méthodes modernes d'extraction, les apiculteurs livrent sur le marché des miels bien préparés. Leur préparation est surtout soignée par suite de l'emploi qui tend à se généraliser, des maturateurs et extracteurs permettant d'obtenir des produits exempts d'impuretés.

Le miel que livrent actuellement beaucoup d'apiculteurs est ainsi parfaitement épuré et très apprécié par le commerce. Néanmoins de nombreux petits apiculteurs négligent encore cette épuration au maturateur, aussi leur miel est-il déprécié.

On a tendance généralement à classer les miels suivant leur couleur, en miels blancs, miels ambrés et miels bruns. Nous allons passer en revue ces différentes catégories.

Les miels blancs dont la production tend à augmenter par suite de la sélection que permet la ruche à cadres, sont produits surtout dans le Gatinais, la Beauce, la Champagne, le Centre. Ce sont des miels très fins, récoltés à peu près exclusivement sur le sainfoin, aussi leur qualité ne change-t-elle guère d'une année à l'autre. Les apiculteurs de ces régions peuvent donc livrer au commerce un produit bien homogène, de qualité constante, et qui est très apprécié des consommateurs.

Il n'en est pas de même pour les miels ambrés qui sont récoltés sur différentes plantes. La proportion de nectar fournie par chacune de ces plantes peut varier beaucoup, aussi ne peut-on pas obtenir un miel d'une couleur et d'un goût bien définis. Sa qualité change d'une année à l'autre, ce qui le déprécie légèrement par rapport aux miels blancs.

Tel est le cas des miels du Sud-Est récoltés tantôt sur la lavande, le thym, le serpolet, tantôt sur les prairies. Mais ceci n'est pas absolu et dans certaines contrées, à Chamonix par exemple, on produit un miel très apprécié et bien régulier. De même dans la Meuse on obtient un miel légèrement ambré et récolté principalement sur le mélilot. C'est un produit excellent et assez constant d'une année à l'autre. Le Massif Central produit aussi des miels ambrés, mais de goût et de couleur très variables suivant les années.

Les miels foncés sont récoltés sur le sapin, les bruyères et le sarrasin. Le miel de sapin que l'Alsace produit en quantité appréciable, est très foncé. Il est très estimé pour la consommation locale et on le recommande pour les affections des bronches. Les Landes produisent un miel de bruyères analogue à celui de l'Ecosse. Ce miel récolté à l'extracteur et épuré au maturateur, est très apprécié. Il est regrettable qu'il soit mélangé à du miel de presse mal épuré, ce qui déprécie le miel extrait.

La Bretagne produit de grandes quantités de miel brun récolté exclusivement sur le sarrasin. Ce miel, extrait ou pressé, fait l'objet d'un commerce assez important pour l'exportation. Avec celui des Landes il a assurément le débouché le plus facile à l'étranger. On a pu croire que leur bas prix en était la cause, mais il n'en est rien. Ils sont surtout appréciés pour la fabrication du pain d'épices auquel ils donnent un bouquet spécial que ne remplacent pas les miels exotiques ou les miels blancs. Aussi a-t-on vu ces dernières annés leurs prix atteindre ceux des miels blancs.

CONCLUSIONS

Ainsi qu'il a été dit, on peut constater une amélioration sensible dans la préparation dos miels pour la vente, mais ce progrès est encore insuffisant Trop d'apiculteurs ne laissent pas assez mûrir leur miel. Ils obtiennent

Cliché *Société centrale d'Apiculture.*

Fig. 5. — Atelier de l'apiculteur.

alors un produit trop aqueux qui se conserve mal. Un miel bien mûr, épuré avec soin, logé dans des récipients propres (en bois de préférence) placé dans des locaux secs et plutôt froids, peut se conserver plusieurs années et en tout cas dans de bonnes conditions en vue de sa vente.

Les apiculteurs des régions récoltant un produit à peu près uniforme : Beauce, Gatinais, Champagne, Landes, trouvent facilement à placer leurs miels au commerce de gros. Quant à ceux des autres régions, ils réalisent sur les marchés locaux et en demi-gros auprès des épiciers des villes.

Il y aurait toute une organisation à créer pour faciliter la vente du miel, question qui sera examinée ultérieurement par ce Congrès.

Disons seulement que la valeur commerciale d'un miel dépend, (indépendamment de sa présentation) de sa couleur, de son goût, de son parfum. Un seul de ces facteurs ne peut servir de base pour l'établissement du prix d'un miel ; on sait, en effet, que des miels de même couleur peuvent avoir des goûts notablement différents. En un mot, à une gamme de couleurs ne peut correspondre une gamme de prix. Les consommateurs de certaines régions, habitués à un miel déterminé, le paieront aussi cher qu'un autre plus clair. Tel est le cas, en Alsace, du miel de sapin très foncé qui se vend au même prix, à peu de chose près, que le miel blanc. Dans ces régions, le miel local plus foncé trouve un débouché plus facile que les miels blancs provenant de régions voisines. L'axiome « des goûts et des couleurs dont il ne faut pas discuter » reste immuable. Il est bien entendu toutefois que la couleur est un élément important de la valeur d'un miel.

Dans ce rapport sur les produits de l'apiculture française nous avons donné notre appréciation aussi exacte que possible, d'après les renseignements obtenus auprès de collègues qui ont bien voulu répondre à nos demandes de renseignements. Nous tenons à les remercier ici de leur précieuse collaboration.

M. Baillet. — Pensez-vous qu'à l'occasion des concours et expositions il y ait intérêt à classer les miels selon leur couleur, ou bien à les classer suivant l'ensemble de leurs qualités ?

Monsieur le Président. — M. Giraud dans l'étude qu'il vient de faire les a classés en trois catégories : miels blancs, ambrés et foncés. Bien entendu, il y aurait encore d'autres catégories à faire.

M. Authelin. — La couleur n'est pas le seul critérium de la qualité.

M. Mamelle. — Quand on compulse les revues étrangères, celles des Etats-Unis par exemple, on constate que les miels y sont classés par régions de provenance et ensuite par fleur : miel de sauge, de tilleul, de trèfle blanc, etc...

Il faudrait arriver à habituer nos producteurs a bien sérier leurs récoltes, afin de présenter au consommateur des miels qualifiés du nom de la fleur dont ils proviennent ; miel de lavande, miel de trèfle, etc...

M. Crepillière. — Je ne suis pas de l'avis de M. Mamelle en ce qui concerne la classification des miels. Il est très difficile d'avoir une récolte bien définie, c'est-à-dire ne provenant que du sainfoin, de la lavande, etc. ; car l'abeille butine un peu partout.

M. Mamelle. — Les Américains ont cependant adopté ce principe de classification par la fleur dominante.

M. le Président. — Il est extrêmement difficile de faire une classification par fleur, mais une classification est possible par régions. Nous avons des régions où l'on récolte des miels de sainfoin, de sapin, etc...

M. de Villeneuve. — Distinguer les miels au moyen de la fleur est un principe excellent dans le cas de flore uniforme, mais dans une région les fleurs sont variées, et la flore varie avec les saisons.

Nous arrivons alors à la distinction par régions en tenant compte en outre de l'époque de la récolte : automne, printemps...

Certains apiculteurs n'opérant qu'une récolte par an obtiennent ainsi des miels des plus variés.

M. Crepillière. — Le principe de l'appellation d'origine permettra à l'apiculteur de pouvoir sérier ses récoltes et obtenir pour un même cru des qualités différentes.

M. le Président. — Si vous arrivez à créer des appellations d'origine, ce sera la solution de la crise due à l'importation des miels étrangers.

M. Esteoule. — La question de l'appellation d'origine paraît être liée à l'éducation du consommateur.

M. Mamelle. — Des réserves doivent être faites sur les statistiques auxquelles se réfère le rapport de M. Giraud. Le nombre de ruches en effet n'a pas diminué, mais a augmenté dans une proportion considérable.

En outre la diminution du rendement moyen en cire ne résulte pas de la modernisation du matériel d'apiculture. Une ruche à cadres procure en effet annuellement, de 300 à 400 gr. de cire et un panier, c'est-à-dire une ruche vulgaire 1 kgr. Si nous estimons à 2 ans le temps nécessaire pour qu'un panier soit vendable, nous arrivons par les deux méthodes à peu près aux mêmes résultats. J'estime donc que la production de la cire n'est pas déficitaire, mais je dois constater que la consommation de cette matière ne cesse d'augmenter.

M. Authelin. — J'estime que l'on peut considérer comme rendement moyen annuel en cire : 300 gr. pour une ruche à cadre et 800 gr. pour une ruche en paille.

M. Roche. — Je ne suis pas de l'avis de M. Mamelle, du moins en ce qui concerne ma région. En Limousin, je puis affirmer avec des preuves à l'appui que la production de la cire a dû beaucoup diminuer ; cela m'a d'ailleurs été confirmé par un fondeur de gros de Limoges qui se plaignait de ne plus trouver de cire. Cette situation est due à la diminution du nombre des paniers.

M. Poher. — Quelle que soit l'opinion que l'on puisse avoir sur les différentes qualités des miels et des cires produites dans les diverses régions du pays ainsi que sur l'importance du nombre de ruches et leur rendement, on peut affirmer sans crainte que l'effort réel exercé depuis quelques années en vue du développement de notre apiculture doit être activement poursuivi dans un but d'intérêt national.

M. Roche. — Sans ignorer les bons égards du Ministère de l'Agriculture en faveur de l'apiculture, je crois de mon devoir d'attirer son attention sur le fait suivant ; des sacrifices considérables sont faits pour le développement de la production nationale agricole, mais il me semble que parfois la répartition des crédits laisse à désirer, certaines sociétés d'apiculture obtenant des subventions annuelles allant de 7.000 jusqu'à 8.000 fr. alors qu'en Limousin par exemple, nous n'avons que 200 fr.

M. l'Inspecteur Général Laurent. — Il appartient aux Sociétés apicoles de présenter un programme d'action nécessaire et raisonnable et nul doute que nos Offices agricoles départementaux ne prendront en considération les desiderata de l'apiculture française.

M. Mathieu. — Comme la question de la vente des produits du rucher est intimement liée à celle de la production, je proposerai le vœu suivant :

« Que les mesures déjà prises par le Ministère de l'Agriculture et certaines Compagnies de Chemins de fer pour favoriser le développement de l'apiculture et en particulier la production du miel soient continuées et intensifiées. Que nos laboratoires scientifiques tels que l'Institut des Recherches Agronomiques et l'Institut Pasteur se mettent immédiatement à l'étude des maladies de nos ruchers, et que des mesures officielles soient prises pour enrayer le progrès de ces maladies en particulier de la « Loque ». (Adopté).

LES EXPORTATIONS ET IMPORTATIONS
DES PRODUITS DU RUCHER

Par M. MATHIEU,
Conseiller du Commerce Extérieur de la France.
Président de la Chambre Syndicale de l'industrie apicole française,
Apiculteur à Châteauroux.

———

MESDAMES, MESSIEURS,

Le sujet qu'il m'est donné de traiter aujourd'hui dépasse de beaucoup le cadre qu'offre un rapport de congrès, rapport qui s'impose assez court, pour ne pas être fastidieux. Ce sujet pourrait faire l'objet d'une étude approfondie, qui ne manquerait certes pas d'intérêt, mais fournirait la matière d'un volume, aussi mon intention est-elle seulement d'en esquisser le plan devant vous, et d'une manière générale d'en déduire les conséquences utiles.

Pour plus de clarté, j'ai nettement séparé l'un de l'autre le miel et la cire, car l'exportation et l'importation de l'un et de l'autre produit doivent être envisagées à des points de vue tout différents.

La France est-elle un pays producteur de miel ? Nous sommes tentés de le croire, si nous considérons les dernières statistiques officielles de production, c'est-à-dire celles de 1920 et de 1921, très imparfaites d'ailleurs, dont les chiffres sont certainement au-dessous de la vérité. Elles nous donnent pour 1920 : 67.250 quintaux et pour 1921 : 81.890 quintaux. Sans exagérer nous pouvons évaluer la production moyenne à 80 ou 90.000 quintaux environ. Ces chiffres seraient à la vérité peu élevés, si on pouvait les comparer à ceux d'un pays grand producteur de miel comme les États-Unis par exemple, pour lequel aucune statistique même approximative ne nous permet l'évaluation. Cependant, combien ils nous semblent éloquents, si nous les comparons aux chiffres des importations et des exportations. Pour cette même année 1921, année de production moyenne, nous relevons : Importation : 7.922 quintaux. Exportation : 7.557 quintaux.

Nos exportations et nos importations s'étant à peu près balancées, doit-on en déduire que notre production nous a suffi, ou tout au moins que nous l'avons assurée sans difficultés ? Certes ! mais nous ne devons pas nous en tenir là, car l'idéal n'est pas de se suffire à soi-même, de se cantonner chacun chez soi, l'idéal c'est de produire plus qu'on ne con-

— 35 —

somme et d'exporter ce surplus. Comme le disait dernièrement notre Pré
sident du Conseil, M. Poincaré dans une de ses improvisations frappées au
coin de la plus belle éloquence « Accroître la production, développer nos
exportations, faire pénétrer nos marchandises sur tous les marchés du
monde, ce n'est pas seulement rapporter chez nous des devises et de la
richesse, ce n'est pas seulement augmenter notre prospérité, c'est aussi,
c'est surtout étendre notre influence morale... »

Je viens de prendre comme exemple les chiffres d'importations et
d'exportations de 1921. Ceux des années suivantes éclairent la question
d'un jour nouveau : En 1922, les importations se montent à 14.484 quintaux, les exportations à 5.467 quintaux. En 1923, les importations à :

Fig. 6. — La récolte du miel. A, l'enfumage du trou de vol.

12.480 quintaux, les exportations à 7.342 quintaux. Tandis que nos exportations restent sensiblement les mêmes, le chiffre de nos importations se
trouve doublé.

MIELS

IMPORTATIONS.

Consultons donc le tableau suivant de nos importations durant ces
trois années, et voyons quels pays ont intensifié leur trafic en 1922 et 1923.

Les importations de Grande-Bretagne qui étaient en 1921 de 1.466 quintaux, tombent en 1922 à 607 quintaux, en 1923 à 183 quintaux. L'augmentation ne vient donc pas d'Outre Manche. Celles de la Belgique, de l'Espagne,
du Chili, d'Haïti, de la Guadeloupe restent sensiblement égales. Par contre
celles des Etats-Unis passent de 736 quintaux en 1921 à 1.569 quintaux en
1922 et 1.867 quintaux en 1923. Celles du Mexique nulles en 1921 sont de

569 quintaux en 1923, celles de la République de Saint-Domingue de 467 quintaux en 1921 s'élèvent à 3.824 en 1923. Tandis que notre colonie de La Martinique par exemple qui nous adressait en 1921 : 238 quintaux ne nous en fournit plus que 9 en 1922 et 57 en 1923.

Aux pays gros exportateurs habituels de miel en France : Chili, Haïti, Cuba, Saint-Domingue s'ajoutent donc ces dernières années les Etats-Unis.

Tableau des importations françaises de miels.

PAYS DE PROVENANCE	UNITÉS	QUANTITÉS EXPORTÉES Années		
		1921	1922	1923
	Quintaux métriques			
Grande-Bretagne	»	1.466	607	183
Pays-Bas	»		145	922
Belgique	»	107	258	183
Espagne.	»	190	436	146
Etats-Unis	»	736	1.569	1.867
Mexique	»		18	569
Chili	»	470	549	495
Haïti	»	3 008	5.060	3.314
République dominicaine . .	»	467	4.890	3.824
Cuba	»	549	840	935
Madagascar	»		11	57
Martinique.	»	238	9	57
Guadeloupe	»	33	22	22
Autres pays étrangers . .	»	658	370	275
TOTAUX.		7.922	14.484	12.849

Nos tarifs douaniers. — Il est nécessaire pour mieux comprendre les chiffres qui précèdent de se reporter à notre tarif douanier.

Les décrets d'après guerre et principalement celui du 29 juin 1921 ont relevé notre tarif douanier de 30 à 80 fr., tarif maximum. Mais il existe toujours un tarif minimum qui est de 20 fr. dont jouissent Saint-Domingue et Haïti, pays exportateurs de grosses quantités. D'autre part les Etats-Unis jouissent d'un privilège qui maintient pour eux l'ancien taux maximum de 35 fr.

Voilà donc des pays chez lesquels la production du miel étant considérable, le prix de revient du produit est d'autant diminué et qui peuvent offrir leur miel sur notre marché en payant un droit si minime qu'il est pour ainsi dire insignifiant. Or jetons un coup d'œil rapide sur le tarif douanier des Etats-Unis par exemple, qui quoique grands producteurs sont également grands consommateurs et pourraient nous offrir des débouchés s'il y avait réciprocité. Le droit d'entrée est de 3 cents la livre anglaise (de 454 gr.) soit environ au cours du dollar actuellement 1 fr. par kg. Le prix de vente du miel aux Etats-Unis est d'environ de 12 cents la livre anglaise, soit approximativement 2,75 à 3 fr. le kg, et en France au contraire où la production et la consommation sont moindres, notre prix de vente est de 6 fr, le kg. et le droit d'entrée pour les miels américains de 0,30 centimes.

Quand il s'agit de commerce extérieur, on nous jette facilement à la tête la question des changes et leur instabilité. Elle est à considérer en effet, mais il nous semble que les barrières douanières qu'élèvent certains pays sont une entrave autrement sérieuse au trafic international. Combien seraient préférables des accords douaniers qui tenant compte de certains facteurs, établiraient des tarifs également protecteurs, mais non pas prohibitifs.

Cependant en dehors des Etats-Unis voyons parmi les pays qui déversent leurs miels exotiques dans nos ports, quels sont ceux qui nous servent le plus largement.

Cliché *Vie à la campagne*.

Fig. 7. — La récolte du miel. Prélèvement des planchettes et enfumage de la hausse.

Cuba et le Chili varient entre 500 et 900 quintaux.

Haïti qui exportait 3.008 quintaux en 1921 passe à 5.060 quintaux en 1922 et nous en fournit encore 3.824 en 1923.

Mais où l'accroissement des chiffres est manifeste, c'est pour la République de Saint-Domingue qui nous livrait en 1921 : 467 quintaux et qui en 1922 en exporte en France 4.890 et en 1923 : 3.824.

Or, reportons nous aux tarifs des Douanes qui sont de deux sortes minimum et maximum. Il se trouve justement que Saint-Domingue est admis au minimum, tandis que tout naturellement Cuba et le Chili accusent des chiffres d'entrée moins importants en raison peut-être des droits maximum qui leur sont appliqués.

J'ai fait partie dernièrement d'une délégation qui a été reçue au Ministère des Finances pour demander le relèvement du coefficient de 2,67 à 4,00 ; j'espère que notre requête sera entendue, on m'a du moins assuré qu'elle avait été prise en considération.

Il est de toute évidence que nous devons protéger nos produits contre la concurrence étrangère surtout actuellement, je veux dire dans les conditions de vie intérieure actuelle. Cependant à mon avis là n'est pas le remède et une barrière douanière infranchissable en même temps qu'elle arrête les produits, paralyse l'essort économique, le développement, les initiatives et le progrès d'un pays.

Il est bon qu'à l'entrée d'un marché il y ait une taxe de vente, mais que cette taxe n'éloigne pas les vendeurs du dehors, ne soit pas prohibitive.

Peut-on croire que si du jour au lendemain notre porte se trouvait hermétiquement fermée à tout miel du dehors, notre production suffirait à notre consommation ? Je ne le pense pas, tout au moins actuellement. Peut-être alors se produirait-il un courant de production plus intense, un effort de développement de l'apiculture, mais ceci demanderait plusieurs années et, en attendant, il y aurait paralysie de notre commerce national.

Élevons donc nos tarifs douaniers, mais avec mesure, et seulement pour restreindre l'importation du miel de certains pays en France et égaliser la concurrence.

Mais alors comment remédier d'une façon efficace à la mévente du miel dont on se plaint, et à l'encombrement du marché du fait de l'entrée en grande quantité des miels exotiques et étrangers ? A cette question je répondrai : Intensifier la consommation nationale et exporter.

La première de ces réponses sort du cadre de ce rapport, elle doit faire le sujet d'une autre communication.

EXPORTATIONS.

Mais exporter ! n'est-pas la contrepartie de la question des importations dont je viens de donner un aperçu. N'est-ce pas étendre notre influence en même temps qu'augmenter notre richesse, exporter n'est-ce pas donner un coup d'épaule à notre trafic commercial et à notre industrie, en même temps. Je me permettrai de reproduire les paroles d'un de nos grands exportateurs français, grand Industriel, M. Cavailler, Président d'une importante Société de fonderies : « Pour exporter, dit-il que « faut-il ? produire à bon marché, aux goûts, aux idées des nationaux « des pays étrangers auxquels on veut fournir ; livrer vite malgré la dis- « tance ; vendre à des prix raisonnables. Bien connaître les pays où l'on « veut vendre. Avoir dans ces pays des représentants indigènes, ou des « agents français ou ce qui est encore mieux, une combinaison d'élé- « ments français et d'éléments choisis avec soin dans les pays où l'on « veut exporter. »

Voilà donc les principales conditions pour faire de l'exportation, quelle qu'en soit la nature. Vous voyez qu'elles ne sont pas à la portée de tous les apiculteurs. Mais tout à l'heure je m'étendrai davantage sur ce point ; voyons pour l'instant où en est notre trafic d'exportation et dans quels pays nous nous sommes créé des débouchés.

Cliché *Vie à la campagne.*

Fig. 8. — La récolte du miel. Prélèvement des cadres de hausse.

Tableau des exportations françaises de miels.

PAYS DE DESTINATION	UNITÉS	QUANTITÉS EXPORTÉES Années		
		1921	1922	1923
	Quintaux métriques			
Grande-Bretagne	»	139	230	412
Allemagne	»	2		
Pays-Bas	»	3.538	2.138	4.235
Belgique	»	1.883	955	1.043
Suisse	»	656	281	163
Norvège	»		529	163
Suède	»			59
Algérie	»	594	815	693
Tunisie	»	29	8	
Côte Occidentale d'Afrique	»	182		
Maroc	»	21	34	
Possession néerlandaise en Amérique	»		38	
Zones franches	»		83	
Autres pays étrangers	»	513	56	265
Sarre	»			339
Totaux		7.557	5.167	7.342

Deux pays se détachent, par l'importance relative d'ailleurs, de leurs chiffres, la Belgique et les Pays-Bas chez lesquels nous avons exporté : pour la Belgique en 1921 : 1.863 quintaux ; en 1922 : 955 quintaux ; en 1923 : 1.013 quintaux ; pour les Pays-Bas en 1921 : 3.538 quintaux, en 1922 : 2138 quintaux, en 1923, 4.235 quintaux.

Ensuite viennent la Suisse et la Grande-Bretagne, les régions occupées d'Allemagne et les Pays Baltiques, pour des quantités variant de 400 à 500 quintaux au plus.

Les tarifs douaniers étrangers. — Il est nécessaire de jeter un coup d'œil sur les tarifs douaniers d'entrée dans le pays où nous exportons du miel.

En Belgique, le droit d'entrée est de 36 fr. par 100 kgrs.

En Hollande, le droit d'entrée est de 2 florins par 100 kg. soit environ 15 fr. cours actuel.

En Suisse, le droit d'entrée est de 120 fr. suisses par 100 kgr. soit environ 340 fr. au cours actuel du change.

En Grande-Bretagne, il n'y a pas de droit d'entrée.

La Suisse dans cet aperçu des tarifs douaniers fait exception ; les droits de douane énormes qu'elle a établis nous ont radicalement supprimé un débouché qui était assez important auparavant et malgré tout ce sont encore les miels français qui y font prime sur ceux des autres pays. Je n'ai pas parlé de l'Espagne où l'écoulement des miels serait malaisé et qui a établi un droit de 100 pesetas par quintal, ni de l'Italie qui importe peu de miel, et se couvre par un tarif douanier qui est de 30 lires or par quintal.

Mais comment se fait-il que dans des pays qui ne se protègent que par des tarifs relativement peu élevés comme les Pays-Bas et la Belgique, ou qui accordent la franchise comme l'Angleterre, nous ne profitions pas davantage de la proximité de ces marchés pour y placer notre miel.

Deux raisons à mon avis sont péremptoires. Nous vendons trop cher et nous ne faisons pas ce qu'il faut : prendre position sur les marchés de ces pays.

Dans les Pays-Bas par exemple où le change nous favorise, nous avons placé l'année dernière 4.235 quintaux. Or sur ce marché Cuba a déversé 13.390 quintaux et les Etats-Unis 12.380 quintaux. Je ne veux faire aucune comparaison entre les miels de France et ceux de Cuba, mais il m'est permis de prétendre que les miels blancs des vergers ou des prairies de Californie rivalisent comme qualité avec nos plus beaux miels. Voyons maintenant d'après la valorisation de ces produits importés, à combien a été vendu le kg. de miel français et le kg. de miel américain. Le premier est revenu malgré la distance bien moins grande, et les frais de transport moins élevés à 5 francs, l'autre à 2 francs.

En Belgique où nous avons exporté 1.013 quintaux, les Etats-Unis ont vendu 5.472 quintaux. Le kilog de miel américain a coûté aux acheteurs belges 2,75 ; le miel français plus de 5 fr. le kilog.

En Angleterre où l'entrée des miels est exempte de droits de douane, nous n'avons exporté que 442 quintaux en 1923. Nous n'avons pas les chiffres des entrées américaines en Grande-Bretagne pour cette année, mais seulement ceux de 1922. Or pour cette année-là ils ont été de 7.750 quintaux, contre 214 quintaux venant de France ; le kilog de miel américain a été payé par nos amis d'Outre-Manche, 3 fr. 55 et le kilog de miel français 8 fr.

Comment augmenter nos exportations de miels. — Nous récoltons en France d'excellents miels que nous pouvons présenter sur les marchés étrangers à un prix plus élevé que les miels exotiques, mais devant les écarts de prix que je viens de vous mettre sous les yeux il me semble qu'il soit bien difficile de parler de valeur intrinsèque d'un produit.

Cliché Vie à la campagne.

Fig. 9. — La récolte du miel. Prélèvement de la hausse.

Quel plus beau débouché nous est offert que celui de la clientèle britannique ! Notre attaché commercial à Londres, M. du Halgouet m'écrivait dernièrement : « L'écoulement du miel ici est facile, la consommation en est répandue et beaucoup de personnes en prennent au petit déjeuner du matin. » Voilà donc un marché qui est à notre porte, qui ne nous est interdit par aucun droit de douane et dont nous ne profitons pas, parce que nous vendons trop cher. J'allais dire parce que nous voulons trop gagner ; mais non, l'apiculteur français vend son miel un à prix raisonnable. Cependant il y a un moyen de produire meilleur marché, c'est d'intensifier la production. Produire et exporter, c'est faire du commerce, et s'enrichir, et nous en arrivons à dire, ce qui semble une utopie. « Pour conjurer la mévente, produisons. »

Produire, c'est diminuer le prix de revient et c'est en même temps faire baisser le prix de vente, tout en réalisant de plus gros bénéfices ; le prix de vente baissant, c'est la porte ouverte à l'exportation.

Il y a un instant, je vous énumérais les conditions nécessaires pour faire de l'exportation ; en voici donc une et principale, ne pas vendre cher. Il y en a une autre qui pour le miel a une certaine importance, c'est son mode de présentation. Le produit qu'on envoie en pays étranger doit être au goût et aux idées de l'acheteur du pays où l'on exporte. En Amérique, par exemple, le miel en rayons trouve un écoulement qui en France serait malaisé. Les Américains admettent difficilement le miel granulé, tandis qu'au contraire en Allemagne le miel liquide ne trouve pas d'acheteur. Nos miels des Landes et de Bretagne et en général les miels foncés doivent trouver un débouché facile dans les pays où la consommation du pain d'épices est répandue, comme la Hollande et la Belgique. Quant à la présentation elle-même, nous avons une réputation de bon goût, et nos pots ou récipients aux formes élégantes devraient faire prime à l'étranger.

Mais il est encore une condition à remplir pour favoriser nos exportations ; pour vendre à l'étranger, il ne suffit pas toujours d'entrer en correspondance avec les commerçants, ni d'offrir son produit par lettre : il faut un agent qui fasse le travail sur place, qui plaide la cause de notre marchandise, et la fasse préférer ; quelqu'un qui soit au courant des habitudes commerciales du pays où l'on veut exporter, et qui avec les siens prennent vos intérêts.

Il y a bien des agents commerciaux français à l'Etranger, mais ils sont si peu nombreux... aussi allez donc leur demander de s'occuper du miel !

Les avantages des organisations de vente collective à l'étranger. — Je viens d'exposer brièvement les conditions qu'à mon avis il faudrait réaliser pour intensifier notre exportation de miel et du même coup libérer notre marché. Mais si la question intéresse tous les apiculteurs en général, je ne pense pas qu'elle puisse les intéresser en particulier. Ce n'est pas le récoltant qui fait 100 kg. même 1.000 kg. de miel qui peut songer à l'écouler à l'étranger. L'Exportation est une branche du négoce qu'il faut pratiquer et connaître. Quand vous fixerez à l'acheteur étranger un prix de vente, vous aurez dû incorporer à celui-ci outre votre bénéfice, les frais de chemin de fer, de fret, de magasinage et de transbordement dans les ports, certaines taxes spéciales pour le déchargement (comme à Londres par exemple), les droits de douane, les cours du change, etc... Ceci n'est pas à la portée de tout le monde. Je considère donc que l'exportation du miel français comme d'ailleurs de n'importe quel produit doit être confiée à des grossistes, ou si vous le voulez, à un organisme de vente tel que le Syndicat National. Nous savons que le Syndicat National a créé une section qui s'occupe spécialement de cette question de l'écoulement du miel à l'étranger ; mais possède-t-elle en mains la documentation nécessaire, et je dirai, incessamment tenue à jour, qui lui est indispensable pour faire œuvre utile. Possède-t-elle les moyens matériels pour exporter ? Un organisme d'exportation devrait avoir non seulement des correspondants dans les pays étrangers avec lesquels le trafic est possible, mais il devrait en avoir encore un dans chacun de nos grands ports, qui serait là pour faciliter les opérations douanières.

Je crois que devant l'envahissement de notre marché national par les miels étrangers, les mesures à prendre seraient les suivantes :

1° Nous couvrir par des tarifs douaniers protecteurs, mais non prohibitifs.

2° Aboutir à des accords douaniers avec les principaux pays producteurs et en même temps consommateurs de miel.

3° Nous créer des débouchés d'exportation, grâce à l'activité des marchands de miel en gros et d'un organisme national de vente, ceci par l'entremise d'agents actifs choisis sur les différents marchés internationaux.

4° Entourer notre exportation d'une certaine publicité tendant à faire connaître et à proclamer l'excellence de nos miels français.

5° Intensifier la production pour faire baisser notre prix de revient, donc pour pouvoir exporter davantage, et par conséquent développer notre commerce de miel et notre apiculture.

Et nous arrivons à cette conclusion vraiment remarquable qu'au cours d'un Congrès qui n'a en vue que l'étude de la partie commerciale de l'apiculture, nous pouvons sans rechercher le paradoxe, émettre cette idée que la question de l'exportation aussi bien que celle de l'importation du miel est entièrement liée à celle de la production.

CIRES

IMPORTATIONS.

Notre production en cire d'abeilles étant tout à fait insuffisante pour assurer la consommation de notre marché, nous sommes donc dans l'obligation d'avoir recours aux cires étrangères.

Il n'est par conséquent pas question ici de restreindre l'entrée de la cire en France, et aussi importante que celle-ci puisse être, nos belles cires des Landes, de Bretagne ou d'ailleurs, bien raffinées, trouveront toujours acheteurs à un prix supérieur à celui des cires exotiques qui nous arrivent plus ou moins propres, demandent une bonne épuration et sont d'une couleur et d'un parfum qui n'égaleront jamais ceux de nos cires de France. D'ailleurs plus l'apiculture mobiliste prendra de développement au détriment de l'apiculture fixiste, moins sera importante la production de la cire brute, et d'autant plus forts seront les besoins en cire travaillée ou gaufrée. Je sais que la cire gaufrée ne représente encore qu'une petite partie de la consommation de cire en France, mais de jour en jour celle-ci devient plus importante.

Fort heureusement, si nous ne sommes pas gros producteurs de cire, nos colonies africaines l'exportent en quantités importantes, et non seulement elles nous approvisionnent, mais encore elles fournissent d'autres marchés.

La dernière statistique, celle de 1922 accuse les chiffres suivants : le Sénégal a exporté 429 quintaux de cire d'abeille, le Haut Sénégal et le Niger : 209 quintaux, la Guinée 1.886 quintaux, la Côte d'Ivoire 58 quintaux, le Congo : 18 quintaux, Madagascar 6.576 quintaux ; la Côte des Somalis 2.983 quintaux, l'Indo-Chine 16 quintaux, la Nouvelle Calédonie 7 quintaux, nos possessions d'Océanie 49 quintaux, soit 12.042 quintaux auxquels il faut ajouter environ 1.000 quintaux provenant d'Algérie, Tunisie et plus de 1.000 quintaux du Maroc, soit environ au total 14.000 quintaux, sur lesquels la France a reçu 7.976 quintaux, alors que l'importation totale de cire d'abeilles en France a été cette année-là de 9.715 quintaux. La différence entre ces deux chiffres nous est donnée par des importations d'Angleterre, du Portugal, de la Turquie et des colonies anglaises d'Afrique et d'Asie,

Cliché Vie à la campagne.

Fig. 10. — La récolte du miel dans une ruche horizontale.

pour des quantités variant de 7.000 quintaux (Portugal) à 200 quintaux (Angleterre).

Très justement des tarifs douaniers de faveur permettent aux cires de nos colonies l'accès facile du marché français.

Nos besoins en cire sont grands, et sans parler de tous les produits dans lesquels entre cette matière, nous savons que l'industrie des cirages et produits d'entretien en fait une large consommation. Pour nous, apiculteurs, il est évident que nous préférerons toujours la cire gaufrée, particulièrement celle qui provient de la fonte des gâteaux de nos ruchers de France, belle cire d'un jaune d'or et dont le parfum incite l'abeille au travail. Aussi l'écoulement de la cire ne fait-elle l'objet d'aucune difficulté et jusqu'à présent la demande a toujours dépassé l'offre.

Etant donnés d'une part l'importance que prend l'industrie de la cire gaufrée pour l'apiculture, d'autre part les besoins de l'industrie des produits d'entretien, qui absorbent une grosse partie des cires coloniales à l'arrivée dans nos ports, ne serait-il pas intéressant, en ce qui concerne les grossistes de cire d'abeilles, de nouer directement des relations avec les exportateurs de nos colonies, principalement de l'Afrique du Nord, et de pouvoir traiter pour les quantités approximatives de nos besoins apicoles. Ce serait du même coup intensifier heureusement l'importation de nos produits coloniaux au détriment des cires qu'importent chez nous des pays étrangers. Nous avons de nombreuses et riches colonies, qu'on n'exploite pas toujours à leur juste valeur. Dans sa sphère pourtant limitée pourquoi notre apiculture française ne travaillerait-elle pas aussi à l'expansion coloniale ?

Tableau des importations françaises de cire brute d'abeilles.

PAYS DE PROVENANCE	UNITÉS	QUANTITÉS IMPORTÉES Années		
		1921	1922	1923
	Quintaux métriques			
Grande-Bretagne	»	557	138	207
Portugal	»	71	975	1.108
Turquie	»			309
Possessions anglaises :				
En Afrique occidentale . . .	»	51	269	30
— orientale . . .	»	131	»	234
Autres pays d'Afrique . . .	»	360	91	446
Indes anglaises	»	207	10	
Autres pays d'Asie . . .	»			118
Algérie.	»	328	378	333
Tunisie.	»	495	566	428
Maroc	»	1.206	1.054	1.102
Sénégal.	»	130	353	237
Afrique occidentale française .	»	156	680	347
Madagascar	»	2.516	4.945	6.170
Autres pays étrangers . . .	»	660	256	206
TOTAUX.		6.868	9.715	11.275

EXPORTATIONS.

Bien que nous ne soyons pas pays gros producteur de cire et que nous soyons tributaires à ce point de vue de nos colonies et de l'étranger, ce produit de nos abeilles donne pourtant lieu à un trafic qui, sans être important, reste malgré tout intéressant. Il est cependant bon de dire que la cire que nous exportons de France n'est pas toute d'origine française, les gros arrivages de nos colonies nous permettant de réexporter. Mais que nous soyons producteurs ou seulement intermédiaires, qu'importe, si notre commerce y gagne et s'intensifie.

Pour ces trois dernières années nos exportations en cire d'abeilles sont en 1921 de 1.255 quintaux, en 1922 de 1.595 quintaux, en 1923 de 1.487 quintaux.

Tableau des exportations françaises de cire.

PAYS DE DESTINATION	UNITÉS	QUANTITÉS EXPORTÉES Années		
		1921	1922	1923
	Quintaux métriques			
Grande-Bretagne.	»	166	261	133
Allemagne.	»	26	130	
Belgique	»	291	668	442
Suisse	»	343	229	198
Grèce	»	57		
Bulgarie	»		38	74
États-Unis.	»	89		365
Roumanie	»	3		57
Algérie.	»		16	34
Indo-Chine	»	5	26	60
Iles de l'Océanie	»		116	
Zones franches	»		38	
Autres pays étrangers . . .	»	235	73	124
TOTAUX		1.255	1.595	1.487

Les pays où nous exportons le plus sont la Belgique, la Grande-Bretagne, la Suisse et les Etats-Unis pour des quantités variant de 200 à 600 quintaux environ. Nous fournissons également la Roumanie et la Bulgarie, mais pour des quantités peu importantes.

Possibilités d'augmentation de nos exportations de cire. — Nous avons reçu d'intéressantes communications au sujet de ces pays et en particulier de la Bulgarie, qui pour la fabrication des cierges, consomme beaucoup de cire. Il y aurait là, en effet, matière à un important trafic, mais nous revenons encore à ce propos, sur une des conditions primordiales de l'exportation, quelle qu'elle soit : pour traiter d'une façon sûre, il serait nécessaire d'avoir un agent qui ferait affaire de vive voix avec l'acheteur. Notre correspondant nous dit que la fabrication des cierges se trouve entre les mains d'un organisme d'achat unique et qui jouit d'une exclusivité officielle, le « Saint-Synode ». C'est avec lui qu'il est nécessaire de traiter en toute confiance d'ailleurs, mais avec des délais de règlement qui demanderaient une immobilisation de fonds assez considérable.

D'ailleurs pour mener cette entreprise à bonne fin, trois conditions particulières semblent indispensables :

1° Création d'un groupe solidement organisé, sorte de « Consortium » d'exportateurs de cire,

2° Installation sur les lieux de vente d'un dépôt de marchandise.

3° Entente avec une banque du pays où l'on veut exporter.

Notre correspondant ajoute : « On soulignera toutefois qu'il est absolu-

Cliché *Vie à la campagne.*

Fig. 11. — La récolte du miel. L'apiculteur, à l'aide d'une brosse, chasse les abeilles du rayon.

ment inutile d'essayer de traiter sans posséder l'organisation dont on vient de parler. En particulier les offres par correspondance sont absolument inutiles. Le Saint-Synode est loin d'être un organisme commercialisé. Il faut être sur place et avoir un agent en contact constant avec les intéressés. »

J'ai voulu en citant ces possibilités d'exportation de la cire en Bulgarie donner une sorte d'exemple des aléas que comporte l'exportation. Fort heureusement il n'en est pas toujours ainsi et les acheteurs étrangers aux-quels on a affaire le plus souvent sont des commerçants avec lesquels on peut traiter commercialement. Mais malgré tout et pour la cire comme pour le miel, je répète que l'exportation ne peut pas intéresser les api-culteurs français en particulier, elle ne les intéresse que pour ainsi dire par répercussion, et seulement si des organismes constitués intensifient, par des moyens qui seuls sont en leur pouvoir, notre commerce d'exportation.

PAINS D'ÉPICES, HYDROMELS

Avant de terminer cet exposé, je voudrais dire un mot de deux produits qui, étant à base de miel, offriraient un débouché d'exportation énorme à notre production, si leur fabrication était mieux comprise. L'un, le pain

Tableau des exportations françaises de pain d'épices.

PAYS DE DESTINATION	UNITÉS	QUANTITÉS EXPORTÉES Années		
		1921	1922	1923
	Quintaux métriques			
Allemagne.	»	56		11
Sarre	»	237		1.408
Grande-Bretagne	»			29
Belgique	»		24	112
Luxembourg	»	317	171	
Suisse	»	66	54	14
Pologne	»		12	
Etats-Unis.	»			15
Algérie.	»	192	103	170
Tunisie.	»	31	21	44
Maroc	»		16	34
Zones franches	»	82	88	
Autres pays	»	91	41	111
TOTAUX	. . .	1.072	530	1.948

d'épices, ne donne lieu qu'à une exportation restreinte, l'autre l'hydromel, n'est pour ainsi dire pas fabriqué industriellement. Pour le pain d'épices nous relevons les chiffres d'exportations suivants : en 1921, 1.072 quin-taux ; en 1922, 530 quintaux ; en 1923, 1.948 quintaux. Or ces quantités sont réparties entre une dizaine environ de pays acheteurs, y compris nos protectorats et possessions de l'Afrique du Nord.

Regardons le relevé des importations. Deux pays à eux seuls se par-tagent la presque totalité des pains d'épices étrangers importés en France ; la Belgique pour la plus grande partie et l'Angleterre pour l'autre. En 1921,

nous avons acheté : 2.769 quintaux, dont 1.972 en Belgique ; en 1922,
5.876 quintaux dont 4.851 à nos voisins belges, et 3.774 quintaux en 1923
sur un total de 4.525 quintaux.

Je sais qu'il n'y a pas réciprocité pour les tarifs douaniers et que les
pains d'épices belges entrent facilement en France. Mais si la Belgique
fabrique un excellent pain d'épices de consommation courante, elle ne
rivalise pas avec nous pour la fabrication de tous les pains d'épices fins :
nonnettes aux fruits confits, au rhum, pains d'épices de luxe si vous voulez,
mais qui sont d'excellents produits d'exportation, parce qu'ils sont remarquables, et constituent pour ainsi dire une spécialité française.

Tableau des importations françaises de pain d'épices.

PAYS DE PROVENANCE	UNITÉS	QUANTITÉS IMPORTÉES Années		
		1921	1922	1923
	Quintaux métriques			
Belgique	»	1.972	4 851	3.774
Grande-Bretagne	»	768	954	675
Etats-Unis	»		40	34
Autres pays étrangers . . .	»	29	31	42
TOTAUX	. . .	2.769	5.876	4.525

Quant à l'hydromel, sa fabrication quoiqu'on en pense et puissent
dire nos manuels apicoles, n'est pas à la portée de tout le monde. N'importe qui peut réussir un hydromel buvable, mais seul un fabricant expérimenté réussira un hydromel délectable, une boisson digne d'être vendue,
et présentée sur un marché étranger.

Je suis convaincu qu'une exploitation bien comprise et spécialisée dans
la fabrication de l'hydromel trouverait des débouchés assurés non seulement
en France, mais encore avec une réclame bien conduite, à l'étranger.

Je ne veux pas plus longtemps abuser de la complaisance avec laquelle
vous avez écouté ce rapport.

La conclusion que j'en tirerai, c'est que pour favoriser le développement
de notre apiculture nationale, nous devons non seulement, par des moyens
adéquats faciliter l'écoulement de nos produits chez nous, mais encore,
surtout, organiser notre vente à l'étranger, faire connaître l'excellence de
notre miel et de ses dérivés, nous créer des débouchés nouveaux, en un
mot « exporter ».

A l'heure présente, exporter les produits de nos ruchers français ;
c'est au même titre qu'exporter du fer et de l'acier, contribuer au relèvement économique et financier de la France.

Je propose au Congrès d'émettre les vœux suivants :

PREMIER VŒU. — *Que le coefficient appliqué aux droits de douane sur les miels étrangers soit relevé suivant la requête récente qui en a été faite à M. le Ministre des Finances.*

DEUXIÈME VŒU. — *Que le Syndicat national ou un groupement de négociants en miels prenne l'initiative d'intensifier l'exportation des miels français et des dérivés du miel, grâce aux bons offices de nos Attachés Commerciaux à l'Etranger et des agents privés spécialisés dans le placement des miels et produits du miel :*

TROISIÈME VŒU. — *Que l'attention du Gouvernement Général de l'Algérie et des Pays de Protectorat de l'Afrique du Nord soit attirée sur l'importance qu'il y aurait à favoriser la production de la cire d'abeilles, en raison des débouchés que cette cire est susceptible de trouver en France.*

M. Morin. — Les apiculteurs réunis en Assemblée générale au mois de juin dernier avaient fixé les cours du miel à 5 fr. le kg. en gros, 6 fr. en 1/2 gros et 7 fr. au détail. J'estime que ces prix étaient légitimes et je crois que vous êtes tous de mon avis. Or, le miel n'a jamais été payé plus de 4 fr. le kg. au producteur malgré une année déficitaire. Je précise : pour obliger les producteurs à vendre à un cours dérisoire, quelques marchands très puissants ont fait venir des miels étrangers : 14.604 quintaux de miel sont ainsi entrés en France pour concurrencer notre production nationale (En 1922, l'importation a été de 16.459 quintaux ; en 1920 de 11.247 en 1919 de 26.746, etc...)

Ces miels étrangers sont loin de valoir les nôtres, mais ils sont pourtant vendus sous la dénomination de miels du Gâtinais, des Alpes ou de Narbonne. Pour mieux tromper la clientèle, ils sont fondus et livrés en sirop de sorte qu'à Paris on en est arrivé à croire que tous les miels sont liquides en toute saison.

C'est là-dessus, Messieurs, que j'attire l'attention de tous ceux qui produisent et de tous ceux qui consomment.

Il faut que le miel soit vendu avec la dénomination et le certificat d'origine comme tous les autres produits : le vin, les huiles, les fromages, etc..; je le demande à nos Pouvoirs Publics. Je connais déjà plusieurs apiculteurs, habitant des régions renommées de longue date, comme par exemple le Gâtinais, qui ont délaissé ou vendu leurs ruchers et font le commerce du miel en vendant des produits étrangers sous le nom de miel du Gâtinais ; ils contribuent par ce procédé à la dépréciation de cet aliment précieux. Etes-vous étonnés maintenant que nos récoltes se vendent mal !

D'après mes renseignements il se perd plus de 150.000 kilos de miel dans le seul département du Loir-et-Cher et il en est sûrement de même dans les autres départements. Une pareille richesse ne devrait pas rester inexploitée. La faute en est à l'Etat qui ne fait rien pour aider les producteurs et les défendre contre la concurrence étrangère ; la faute en est aux abus de toutes sortes auxquels se livrent aussi bien les marchands que certains producteurs qui trompent le public sur la qualité du miel et de ses dérivés.

M. Donon. — Je demande comme conclusion à ce qui vient d'être dit que le Congrès veuille bien transmettre les doléances exprimées par M. Morin à M. le Chef du Service de la Répression des fraudes pour faire cesser ces tromperies si nuisibles aux intérêts de tous.

Il a été parlé d'autre part de la question douanière. Je voudrais exposer mon point de vue à ce sujet et demander au Congrès de prendre une décision.

Je me permets de rappeler que j'ai fait une démarche auprès de M. le Ministre des Finances pour lui demander l'augmentation des tarifs douaniers. Il a bien voulu me dire qu'il s'occuperait de la question.

Je crois que le Congrès pourrait demander cette augmentation du tarif douanier sous réserve que les cours des miels ne seraient pas eux-mêmes augmentés sensiblement à la consommation.

J'ai tenu à m'associer à vos travaux, désireux de m'instruire, mais vous pouvez compter sur moi et sur mon concours pour défendre les beaux miels français et en particulier ceux du Gâtinais.

M. de Guiringaud. — La mévente dont souffrent actuellement les apiculteurs français et principalement ceux des Ardennes et du Midi de la France, a nécessité il y a deux mois, le 11 mars 1924, une intervention auprès de M. le Ministre de l'Agriculture, de M. Henri Gallois, député des Ardennes dans le but d'étudier s'il n'y aurait pas lieu de prohiber l'entrée des miels étrangers. Il a été répondu que la prohibition d'entrée des miels étrangers ne pouvait pas plus être prononcée que pour toute autre denrée, à l'exception de celles visées par des règlements sanitaires.

Les droits protégeant l'apiculture française qui sont de 80 fr. au Tarif général et de 20 fr. au tarif minimum sur les miels étrangers et de 132 fr. et 32 fr. pour les succédanés ou substituts du miel, additionnés ou non de produits sucrés ou de sucre, apparaissent aujourd'hui comme manifestement insuffisants.

M. le Président. — Le premier vœu de M. Mathieu résume ce que MM. Donon et de Guiringaud ont bien voulu nous dire.

Je mets ce vœu aux voix. Le vœu est adopté à l'unanimité.

Quelqu'un demande-t-il la parole sur le deuxième vœu présenté par M. Mathieu ?

M. de Villeneuve. — Il est bien évident que l'apiculteur qui ne possède souvent qu'un nombre de ruches restreint ne peut exporter lui-même. Pour arriver à des résultats intéressants, il est nécessaire que des représentants à l'étranger reçoivent des envois collectifs.

M. Bonamy. — Le « Syndicat National d'Apiculture » s'est occupé de la question et nous sommes sur le point d'arriver à des résultats intéressants.

Par ses soins il a vendu cette année 80 tonnes de miels dont une quinzaine de tonnes à l'étranger.

Nous ne sommes qu'au début et nous pensons faire connaître le miel français par une publicité suffisante. Mais nous avons à lutter sérieusement contre des concurrents étrangers, notamment américains.

M. le Président. — Le « Syndicat National d'apiculture » pourrait, je crois, trouver d'intéressants débouchés en Angleterre. Etes-vous allé à Londres ?

M. Bonamy. — Le Syndicat National d'apiculture espère avoir prochainement un nombre suffisant d'agents à l'étranger, ce qui lui permettra d'exporter 1.000 tonnes de miel environ, dès l'année prochaine.

L'Angleterre pourrait en effet nous assurer un notable écoulement ; nous y avons une certaine clientèle.

En Hollande où il se vend beaucoup de miel industriel, nos miels de table n'y sont pas appréciés. En Belgique, nous exportons du miel de la Meuse à un prix relativement intéressant.

M. Donon. — Il ne faut exporter que des produits de luxe.

M. Bonamy. — En effet, seuls les produits de luxe peuvent, je crois, trouver des débouchés avantageux en Angleterre.

M. le Président. — Je mets aux voix les deuxième et troisième vœux proposés par M. Mathieu.

Ces vœux sont adoptés à l'unanimité.

La séance est levée à 18 h. 45.

Séance du mardi 6 mai

Matinée.

La deuxième séance est ouverte à 8 h. 30 sous la Présidence de M. Hommell, directeur de l'Agriculture de l'Alsace et de la Lorraine.

Avaient pris place au bureau : MM. Albert Laurent, inspecteur général, représentant M. le Ministre de l'Agriculture ; Poher, ingénieur des Services Commerciaux de la Compagnie d'Orléans ; Giraud, président de la Fédération Nationale des Sociétés d'Apiculture de France et des Pays de protectorat ; Bonamy, président du Syndicat National d'Apiculture ; Sevalle, secrétaire Général de la Société Centrale d'Apiculture.

Avaient pris place dans la salle :

Mmes Perret, Gallaire, de Guiringault, etc.

MM. Jacquet, Faucheux, Roche, Brancher, Grubert, Fayot. Creusillet, Lachaud, Lefebvre, Barret, Carteron, Chassin, Bily, de Coynart, Joly, Bernard, Paulhoc, Legendre, Vignoy, Tellier, Haller, Galland, Eck, Gillet, de Sauziac, Giraud fils, Roseray, Danguy, Baillet, Godard, Guyot, Mamelle, Pique, Foucault, Authelin, Bacus, Regnier, Roger, Biette, Palledu, Charrier, de Guiringaud, Fortuna, Mothré, Desbois, Guillaume, Barbe, Mahoudeau, Lallemand, Bergmaron, Gallet, Galvin, Morin, Pasquier, Dehors, Mathieu, Robert, Couallier, Chaneaux, de Villeneuve, Lamras, Déché, Gauthier, Sicot, Valre, Berthoux, Tasta, Dardignac, Terlez, Pigny, Argueyrolles, Faerber, Ekerven, Guyot, Bignon, Dubois, Foucault, Martin, Crampau, Pasquet, Boucher, Durieux, Rey, Caillas, etc., etc.

ORGANISATION DE LA VENTE DES MIELS ET CIRES EN FRANCE

Par M. BONAMY,
Président du Syndicat National d'apiculture.

J'apporte à la Direction de la Compagnie d'Orléans et à M. Poher, l'expression de la vive reconnaissance de mes collègues du « Syndicat National d'apiculture » pour l'organisation de ce « Premier Congrès d'apiculture commerciale ». Je suis persuadé qu'il en sortira des résolutions utiles et que bientôt les efforts de tous, réunis, apporteront à notre industrie apicole ce qui lui manque le plus : la certitude des débouchés.

Avant la guerre la mévente sévissait à l'état chronique ; on la subissait, on la déplorait avec un fatalisme oriental, et rien de sérieux n'était tenté pour la conjurer.

Mais ce qui se passait alors n'a qu'un intérêt rétrospectif ; il est inutile de s'y arrêter, nous ne reverrons plus les mêmes conditions économiques.

MIELS

Depuis la fin des hostilités la production du miel a augmenté dans de notables proportions. Beaucoup d'apiculteurs ont doublé, triplé, le nombre de leurs ruches.

De nombreux adeptes de l'apiculture ont installé 100, 200, 300 ruches à cadres, dans des cantons où, précédemment il n'y en avait pas une seule. De sorte qu'aujourd'hui on évalue le nombre des ruches en rapport, au double de ce qu'il était en 1914. Or, les statistiques de 1914 indiquant une production totale de 10.000 tonnes, c'est donc une moyenne de 20.000 tonnes que nous pouvons produire, avec une perspective d'accroissement de 1.000 à 2.000 tonnes par an, pour les trois années qui vont suivre.

Evaluation de la production. — Certes, la consommation du miel de table a sensiblement augmenté, mais pas dans les proportions de la production.

Les années 1917 et 1918 donnèrent de très fortes récoltes, avec un nombre de ruches inférieur à celui de 1914. A cette époque là, le sucre manquant, le miel atteignit des cours très élevés.

En 1919 et 1920, les ruchers des pays dévastés sont reconstitués, le nombre des ruches augmente rapidement sur tout le territoire et les récoltes sont abondantes.

1920 aurait commencé la mévente, si 1921 n'avait pas été une année de disette mondiale ; 1922 ne donna sur l'ensemble du territoire que les 2/3 d'une récolte normale et vit ses stocks s'écouler entièrement, parce que la première récolte de 1923 fut à peu près nulle.

Cliché *Société centrale d'Apiculture.*

Fig. 12. — Un chais à miels.

1923 ne donna qu'une demi-récolte et il n'y aura pas en juin 1924 de stocks invendus de l'année précédente.

Par suite du déficit de ces dernières années, la production s'est trouvée depuis la guerre en équilibre avec la consommation.

Les besoins de la consommation. — Les besoins actuels du pays en miel de table semblent donc correspondre à la production de celui-ci. Il y a lieu de noter toutefois que la consommation du miel naturel a augmenté du fait de la loi de 1921 interdisant la vente des miels de fantaisie.

Il est certain que la capacité d'absorption de notre pays ne suffirait pas à absorber la production d'une période normale et encore moins celle d'une période d'abondance, étant donnée l'augmentation continuelle du nombre des ruches en exploitation. Il faut donc impérieusement trouver des débouchés pour le miel de table, mais non des débouchés aléatoires comme ceux que nous offre l'exportation, qui peuvent être supprimés presque totalement par l'élévation possible des tarifs de douane étrangers. Nous l'avons vu récemment avec la Suisse et nous sommes menacés du côté de l'Angleterre. Ces débouchés, nous les avons chez nous en France ; ils sont faciles à exploiter, ils seront fixes, sûrs, permanents, il suffit de vouloir. Mais il ne suffit pas de la volonté, tant opiniâtre soit-elle d'une élite, d'un groupe ou d'un groupement, il faut que tout apiculteur sente qu'il doit se les procurer, avant que la nécessité ne l'y oblige. Il doit fournir un effort individuel et participer à la propagande destinée à faire connaître le miel.

Si chaque apiculteur versait régulièrement le sou de la Propagande à la « caisse de propagande et de publicité » du Syndicat National d'apiculture dont la création remonte déjà à un an, c'est une somme de 2 millions qui serait chaque année disponible pour la propagande et la publicité. Si une semblable somme était affectée à un service de publicité bien établi, la demande deviendrait tellement importante qu'il faudrait augmenter la production du miel au lieu de penser à la restreindre. Cette menace de mévente ne s'applique pas à tous les miels, mais particulièrement à ceux de plaine, car la situation des autres est bien meilleure.

Les qualités commerciales des miels. — Vous savez qu'il existe deux grandes classes de miels : les miels de table et les miels industriels. La classe des miels de table comporte elle-même deux divisions : les miels de plaine, ceux de montagne. Ils sont miels de montagne, s'ils ont été récoltés presqu'exclusivement sur les plantes aromatiques des montagnes, telles que la sauge, la saviette, la lavande, le thym, l'aspic, le romarin, la menthe, etc...

Le miel de plaine est récolté sur toutes les fleurs autres que les labiées des montagnes.

Celui de montagne se récolte presque uniquement sur les Alpes et les Corbières, mais on rencontre aussi du miel de plaine dans les montagnes.

Il y a des ruchers situés à 1.300 ou 1.400 mètres d'altitude, au milieu de prairies naturelles et le produit récolté en montagne sur les fleurs de la plaine est un miel de plaine ; il n'a pas du tout le parfum de celui de montagne.

D'autre part les labiées cultivées à faible altitude, mélisse, menthe donnent également un miel très parfumé. Il faut donc comprendre sous le terme miel de montagne, non le miel récolté à telle ou telle altitude, mais celui récolté sur les plantes que l'on rencontre en grandes quantités dans les montagnes.

Le miel de plaine constitue la grosse production de la France ; à lui seul, il forme les 3/4 de notre production.

Le type du miel de plaine est celui du Gâtinais.

Dans le miel de plaine, on rencontre les colorations les plus diverses, depuis le n° 1 au « melloscope », miel qui cristallise blanc, comme du saindoux, jusqu'au n° 10, le roux, dont la couleur caractérise le miel de bruyères.

Les miels de montagne sont généralement d'une belle coloration ; ils donnent les n°ˢ de 7 à 10. Ceux de Chamonix sont plus blancs, leur moyenne est de 4 à 6.

Fait remarquable : le goût propre des miels à l'exclusion de leur parfum augmente invariablement d'intensité avec la couleur ; très faible dans les miels blancs il est très accentué dans les miels roux ou bruns. Par exemple le miel n° 1 récolté sur sainfoin, est un excellent sirop de sucre où l'on distingue à peine le goût du miel, tandis que le n° 8 possède un goût de miel très accentué et le n° 14 tellement accentué qu'il est peu utilisé comme produit de table.

Les miels de plaine ont les goût et parfum des principales plantes sur lesquelles ils ont été récoltés. Ceux n°ˢ 1 et 2 récoltés sur le mélilot sont très parfumés, les n°ˢ 6 et 8 dont une partie a été récoltée sur le sarrasin possèdent un goût spécial très accentué.

Au point de vue vente, il n'y a pas lieu de se préoccuper particulièrement de la couleur, tous les miels ont des emplois et des acheteurs spéciaux suivant leur coloration et leur goût.

Les miels industriels sont à goût très accentué, ils ne sont consommés pour la table que dans les pays où ils sont récoltés. Sont aussi vendus comme miels industriels ceux de « presse » obtenus, par les anciennes pratiques dont la plus malfaisante, est l'étouffage.

Sont vendus quelquefois encore comme miels industriels ceux d'arrière saison en N° 10. Il convient de citer pour mémoire les miellats dont la production est assez rare en France, sauf dans les Vosges et en Alsace.

Tous les miels se vendent facilement, si on offre la qualité exigée par l'acheteur. D'une façon générale, chaque contrée préfère le miel récolté dans la région et l'estime plus que tout autre ; c'est une question d'habitude. Les Bretons se délectent de leurs miels bruns, et les habitants du Gâtinais de leurs miels blancs.

Mais si vous présentez à un amateur de miel de Bretagne, un miel N° 2 du Loiret, il vous déclarera tout net que ce n'est pas du miel. Présentez à un amateur de miel blanc un N° 14 de Bretagne, il le repoussera avec dédain.

Rien n'est plus faux que la cotation des prix d'après la couleur. Ce qui fait le prix de toute marchandise en général et des miels en particulier, c'est le rapport qui s'établit entre l'offre et la demande. Toutes les considérations accessoires n'ont que peu de valeur pour influencer les cours.

La France a le privilège de produire des miels de toutes teintes et de tous parfums, depuis les plus blancs jusqu'aux plus foncés, depuis ceux presque sans goût, sans parfum, jusqu'à d'autres au parfum d'une persistance extraordinaire. Tous ces miels sont de première qualité, aucun pays du monde n'offre une gamme aussi variée et pouvant rivaliser de qualité avec l'ensemble de la production française.

Les miels extra-blancs de 1 à 3 sont appréciés dans tous les pays du Nord et cependant on leur reproche leur manque de goût. Leur production n'est pas considérable.

Les miels blancs nᵒˢ 4 à 6 constituent la base de la production française ; ce sont ceux de table par excellence.

On dit généralement que les miels colorés de 7 à 10 sont moins estimés pour la table et cependant il convient de signaler que ce dédain n'est pas justifié. Nous avons fréquemment des exemples au Syndicat National d'acheteurs qui abandonnent définitivement le miel blanc après avoir goûté le miel coloré qu'ils ignoraient.

Les miels colorés sont appréciés en confiserie, parce que vendus généralement moins chers que les blancs.

La technique de la vente. — Il n'y a pas à proprement parler de centres de consommation de miel en France ; on en consomme partout, mais en très petite quantité.

Cliché *Société centrale d'Apiculture.*

Fig. 13. — L'emballage et l'expédition des produits de l'Apiculture.

A la campagne on achète le miel du voisin ou de l'apiculteur local et ce sont les villes qui absorbent le reste. Le débouché principal du miel de table est fourni par les grandes villes. Paris est le gros consommateur.

Le type du miel industriel est le miel de Bretagne. Récolté sur le sarrasin, il possède un goût spécial qui est très apprécié en France et à l'Etranger, on le préfère pour la fabrication du pain d'épices. Le miel de Bretagne connaît depuis la guerre une demande très importante, un peu motivée par la pénurie des récoltes de ces dernières années ; aussi voit-on en fin de saison des miels industriels, qui seraient absolument impropres à la consommation de table, cotés en gros à un cours plus élevé que celui des miels blancs.

Il y a donc lieu de modifier la conception actuelle de l'établissement des cours qui tend à diminuer la valeur des miels en raison de leur coloration plus ou moins accentuée.

Le miel industriel est presque le seul miel français qui soit vendu à l'étranger ; il fournit environ les 5/6 de nos exportations totales et la demande en est tellement importante (toutes les demandes ne peuvent pas être satisfaites) que la production pourrait en être largement développée.

Le miel de Bretagne connaît une vogue justifiée par ses qualités, et si la production en était augmentée, bien des tonnes de mauvais miels exotique n'entreraient pas en France.

Mais pour que le miel de Bretagne prenne sur le marché européen la place prépondérante qu'il mérite parmi les miels d'industrie, il faut qu'on puisse le produire à bon marché. Le fabricant donne incontestablement la préférence à la matière première la moins chère et quelles que soient les qualités du miel français, si le bas prix du miel exotique vient les contrebalancer, l'industriel donnera la préférence au produit étranger et délaissera le miel français. Il est de pratique courante que ceux des miels industriels qui sont obtenus par les procédés modernes les plus perfectionnés, ne sont pas payés plus cher que ceux de presse ou d'étouffage.

L'industrie étant l'art de produire le plus, avec le moins de dépenses, pour obtenir le maximum de profit, il importe à l'apiculteur de mettre cet art en pratique pour la production du miel industriel.

Il existe une méthode déjà ancienne qui a fait ses preuves, qui permet de produire économiquement et industriellement sans matériel coûteux, sans tuer les abeilles, sans plus de connaissance qu'en exige la conduite des vulgaires paniers. On l'a abandonnée pour la remplacer par des méthodes perfectionnées, dont de nombreux apiculteurs et des maîtres contestent la soi-disant perfection.

Ce n'est pas ici le lieu d'ouvrir un débat sur les meilleures méthodes à employer, mais pour nous en tenir aux raisons purement commerciales, il faut de toute nécessité produire beaucoup de miel industriel, le produire économiquement à l'aide des méthodes simples ; il faut augmenter le nombre des producteurs en faisant connaître aux habitants des campagnes une méthode qui leur permettra de cultiver les abeilles sans leur consacrer plus de temps qu'avec les paniers et leur fera obtenir de bonnes récoltes de miel et de cire, sans avoir besoin de donner la mort aux abeilles.

Le miel de montagne au parfum accentué est d'un écoulement très facile, il est consommé dans les pays de production et à l'étranger ; on doit en augmenter la production.

Il faut citer aussi comme miels spéciaux ceux des Landes consommés dans le pays et exportés. Impurs, ils sont utilisés pour les usages industriels. Là encore, il faut envisager pour ces derniers une production économique.

Les cours. — Le miel jouit d'un privilège que ne possède aucune autre denrée. Chaque année, au mois de juin, la Société Centrale d'apiculture, notre grande société française si dignement représentée ici par

M. Sevalle, invite les apiculteurs à venir annoncer en présence des grossistes l'état des récoltes de tout le territoire.

Les représentants des départements donnent de vive voix ou par lettre, l'état des récoltes de leur région ; ensuite, l'Assemblée se met d'accord avec les grossistes sur le prix de vente ; les cours se trouvent ainsi établis à titre d'indications pour les achats futurs.

Cette réunion, dont la date est généralement fixée à la demande des apiculteurs de la région parisienne, apparaît aux autres comme fixée un peu trop tôt dans la saison. Effectivement, il n'y a qu'une partie des miels de table qui soit récoltée ; les miels industriels ne le sont pas encore.

Les cours ainsi établis ne se maintiennent généralement pas et ne peuvent guère se maintenir devant la loi inéluctable de l'offre et de la demande. L'apiculteur toujours poursuivi par le spectre de la mévente fait des offres au-dessous du cours établi.

Naturellement celles-ci sont acceptées et dès que le décalage s'est effectué, l'acheteur n'entend plus traiter aux premiers cours qui, pour lui, sont périmés.

A mesure que les récoltes se font, les offres deviennent importantes et la crainte de ne pas vendre aidant, l'apiculteur cède son miel souvent à moitié prix du cours fixé en juin.

La presse agricole publie d'ailleurs ces mêmes cours qui ne sont plus ceux payés à la production, mais qui servent de base au commerce par sa vente au consommateur. Les apiculteurs ont trop tendance à oublier qu'il y a trois échelles de prix qui devraient être scrupuleusement observées pour que les cours se maintiennent ; ce sont :

      1° le prix à la production,
      2° le prix au commerce,
      3° le prix au détail.

Au « Syndicat National » nous sommes partisans de publier les cours du commerce et de donner des indications sur les prix de détail. Nous estimons, étant donné le nombre important de producteurs qui traitent directement avec les négociants détaillants, que la publication des prix à la production amènerait fatalement une baisse de ces prix qui serait la ruine de l'apiculture.

Y a-t-il une organisation possible de la vente qui puisse maintenir toute l'année les prix établis au commencement de la saison ? Le miel estimé, coté au mois de juin, n'a nullement perdu de sa valeur en janvier.

Il paraît y avoir quelque chose à faire dans cette voie, quoique difficile à réaliser en raison de la dispersion, du manque de discipline, et surtout de l'insouciance des apiculteurs.

Il faut, d'abord, bien persuader au producteur que rien n'est perdu, s'il n'a pas vendu son miel au mois de janvier ; les mois de consommation la plus forte étant février et mars.

Il faut, lors d'une récolte abondante, que l'apiculteur conserve son sang

froid. Nous avons vu en 1923 les producteurs d'une région française favo-
risée par une très bonne récolte, alors que l'ensemble du territoire n'obte-
nait qu'une demi-récolte, vendre leur miel à des cours réellement trop bas
pour être rémunérateurs.

Aucune mesure ne peut être appliquée avec efficacité tant que pour-
ront se produire des affolements semblables.

Le « Syndicat National » dans le but d'assurer dans une certaine
limite la fixité des cours, a établi une mercuriale. L'indication qu'elle
donne est précise. Certains correspondants fournissent des renseignements
qui ont beaucoup de valeur, mais c'est une consultation unilatérale et pas

Fig. 14. — Le moulage de la cire.

assez étendue, car les acheteurs y sont opposés et la masse des vendeurs y
est indifférente.

Les cours se maintiendront quand les producteurs auront la certitude
que toute leur récolte trouvera acquéreur.

Il est donc indispensable d'amplifier sans retard, avec toutes les forces
dont peut disposer l'apiculture, la propagande générale et la publicité collective dont les essais restreints, effectués cette année, ont donné des
résultats manifestes.

CIRES

Je ne retiendrai pas longtemps votre attention sur la cire.

Le possesseur de cire ne connaît pas les angoisses du possesseur de
miel. Là, pas de mévente, la demande est extrêmement active à des cours
élevés.

L'apiculteur mobiliste produit peu de cire, puisqu'il utilise les vieux rayons et en fait peu construire de nouveaux. Nous espérons qu'on démontrera bientôt que l'élaboration de la cire est indispensable à la santé des colonies et qu'en enlevant aux abeilles, la possibilité de remplir entièrement les fonctions que la nature leur a imposées, on les place dans un état anti-hygiénique, qui leur enlève de la résistance aux maladies.

La plus grande partie de la cire livrée au commerce est fournie par les ciriers qui achètent les brèches sèches ou les brèches grasses pour les fondre.

Nous devons faire tous nos efforts pour augmenter la production de la cire et la méthode que nous préconisons pour la production du miel industriel aurait l'avantage d'en fournir des quantités considérables.

Cliché *Vie à la campagne.*

Fig. 15. — Le démoulage de la cire.

On a demandé pendant les mois de février et mars au service de vente du Syndicat plus de 100 tonnes de cire qu'il lui a été impossible de fournir ; 100 tonnes représentent un million de francs !

CONCLUSIONS

Avant de conclure, permettez-moi d'appeler votre attention sur la nécessité de livrer le miel dans un état de pureté absolue et dans des récipients adoptés par le commerce.

On se fait difficilement une idée du nombre d'apiculteurs qui n'emploient pas le maturateur ; d'autres en possèdent, mais s'en servent comme de récipients en attendant la vente ; dans ce cas, le maturateur ne remplit pas son rôle qui est de permettre à l'apiculteur de tirer son miel par le bas du récipient et de l'obtenir épuré.

Les acheteurs se plaignent du manque de pureté et aussi du manque d'homogénéité des miels ; ainsi dans 10 seaux d'une même récolte, il y a souvent cinq couleurs et cinq goûts différents.

Le miel n'est pas toujours coulé dans des récipients hermétiques ; il est souvent coulé dans des baquets, dans des vases en grès, sans couvercle. donc mal épuré et exposé à l'humidité. Les seaux sont conservés dans des locaux humides et le miel qu'ils contiennent n'attend que les premières chaleurs du printemps pour fermenter.

Le miel ne reste pas assez longtemps dans les maturateurs.

Au sujet des récipients pour la vente il faut supprimer totalement tout ce qui n'est pas le seau, le fût en bois ou en fer ou le bidon hermétique.

Parmi les membres de ce Congrès, je vois de distingués professeurs d'apiculture. Je les invite à insister auprès de leurs élèves pour qu'ils soignent convenablement leur miel depuis sa sortie de l'extracteur jusqu'à l'heure de la vente.

J'invite les dirigeants des Sociétés apicoles qui sont ici en grand nombre à faire ces mêmes recommandations à leurs collègues, car les bons livreurs vendent toujours leur miel à une clientèle stable et les mauvais n'ont jamais les mêmes acquéreurs.

Après avoir passé en revue les conditions dans lesquelles se présente la vente du miel, j'exprime une fois de plus le désir de voir tous les apiculteurs s'*unir* pour la recherche des débouchés.

Pour y arriver, il faut d'abord de l'argent, beaucoup de travail, beaucoup de dévouement et de désintéressement, mais j'ai la conviction que malgré les difficultés, rencontrées sur votre route, vous arriverez au but que vous vous proposez tous : le développement illimité de la production nationale.

Comme suite à ce rapport je propose d'émettre le vœu suivant.

« *Que l'intensification de la production porte principalement sur les sortes de miels dont la vente est actuellement la plus active et que des débouchés nouveaux soient recherchés pour le miel de plaine* ».

M. le Président. — M. Bonamy qui a déjà rendu un très grand service à l'apiculture française par la création du « Syndicat National d'apiculture, » vient de nous communiquer un rapport intéressant dont il ressort surtout que si pour l'écoulement de nos récoltes nous éprouvons parfois des difficultés, celles-ci sont souvent dues au manque d'entente entre apiculteurs.

Quelqu'un demande-t-il la parole sur la proposition du Rapporteur ?

M. Roche. — Si j'ai bien compris le rapport de M. Bonamy qui nous a très intéressé, la conclusion serait celle-ci : Groupez-vous, organisez-vous pour arriver à vendre convenablement vos miels et cires. Je demanderai au rapporteur de vouloir bien nous donner quelques précisions à ce sujet.

M. Bonamy. — Dans le domaine de l'organisation coopérative de la vente du miel tout est à créer, il faudrait s'efforcer à vendre en supprimant les intermédiaires inutiles. Le seul organisme de vente en France de ce genre est le syndicat national d'apiculture récemment créé. Malgré sa jeunesse, permettez-moi de vous faire remarquer, Messieurs, qu'il a procuré cette année à ses adhérents des prix de gros intéressants.

M. Poher. — Le principe de la vente en commun paraît admis par tous les apiculteurs présents. Dans ce Congrès nous ne pouvons pas envisager, en séance, le détail d'une telle organisation. Je propose que l'examen de la question soit reporté, dans une réunion spéciale, après la clôture du congrès (adopté).

Le vœu proposé par le Rapporteur, mis aux voix, est adopté à l'unanimité.

LE COMMERCE DES MIELS ET CIRES A PARIS

Par M. GALLAND,

Directeur de l'Union des Apiculteurs.

L'évaluation approximative de la consommation des miels et cires à Paris est matériellement impossible à établir. Il faudrait que tous les détaillants fissent connaitre les quantités de miel et de cire vendues, chiffres que l'on ne pourrait connaitre par les grossistes, beaucoup de détaillants achetant directement aux apiculteurs.

Il y a vingt-cinq ou trente ans, il eût été plus facile d'obtenir quelques renseignements approximatifs, car à cette époque, à Paris, le commerce des miels était plus simplement organisé qu'il ne l'est aujourd'hui.

Aussi pour mieux faire ressortir ce qu'est actuellement ce commerce, je vais vous exposer la transformation qu'il a subie depuis trente ans.

Pour la cire je me contente de vous dire brièvement que le commerce s'en fait chez les marchands de couleurs assorties, chez les grossistes, les droguistes et quelques fabricants spécialisés. L'écoulement de la cire se fait facilement, les demandes ne sont pas inférieures aux offres et ce n'est pas de ce côté que se portent les préoccupations des apiculteurs.

Historique. — Jusque vers la fin du 19e siècle, l'approvisionnement de Paris en miel était assuré presqu'exclusivement par les producteurs du Gâtinais et de la Beauce avec le concours des négociants en gros de la rue de la Verrerie.

L'écoulement des miels n'éprouvait pas alors les difficultés d'aujourd'hui. Les producteurs s'entendaient avec les négociants en gros qui absorbaient toutes leurs récoltes. Les miels, logés en barils de 50 kg. arrivaient en sirop et étaient pour la plupart aussitôt répartis chez les épiciers détaillants selon leurs besoins. Ces derniers coulaient immédiatement le miel en pots et l'exposaient en vitrine. Cette exposition ne manquait pas d'originalité : la plupart des pots, le pied de celui du dessus dans le couvercle de celui du dessous, s'échafaudaient dans les vitrines.

Ces miels appelés « surfins du Gâtinais » étaient d'un commerce agréable à cause de leur uniformité.

A côté d'eux se vendaient d'autres miels provenant de récoltes moins fines provenant du Gâtinais, ou d'autres régions de la France. Ils étaient vendus sous le nom de « miels de pays » et livrés à l'état solide en demi-barils ou en pots de grès pour être détaillés au poids, dans le courant de l'année.

Les miels surfins s'écoulaient entre 120 et 130 fr. les 100 kg. Producteurs, négociants et détaillants y trouvaient leur compte et ne se plaignaient pas.

A partir de 1890, la culture à l'aide de ruches à cadres commença à se propager. A l'appel des constructeurs, des amateurs qui auraient hésité à adopter les méthodes des apiculteurs du Gâtinais se trouvèrent disposés à essayer les méthodes nouvelles.

Des producteurs nouveaux surgirent donc un peu partout, mais comme on n'avait pas pensé à créer en même temps de nouveaux débouchés, cette production vint simplement concurrencer l'ancienne. De l'Est, du Nord et surtout du Centre, ces apiculteurs arrivèrent à Paris chez les négociants en gros ou chez les détaillants, mais ils ne purent placer leurs récoltes qu'en abaissant leurs prix. Tous les ans les cours fléchissaient à tel point, qu'entre 1900 et 1908, les prix descendirent jusqu'à 80 fr. les 100 kg. pour les miels surfins rendus à Paris.

Sous la poussée de ces apiculteurs, quelques maisons cherchèrent à développer leurs vente en frappant l'attention des consommateurs par une nouvelle présentation.

Ce fut une période de transformation et beaucoup d'épiciers craignant la mévente, par suite de la concurrence cessèrent d'acheter en barils pour adopter le pot tout préparé qu'ils n'achetaient plus qu'au fur et à mesure des besoins. Peu à peu les pots se superposant disparurent des vitrines.

Malgré ces efforts, la consommation n'arrivait pas à absorber la production et si les prix se relevèrent jusqu'à 130 fr. en 1914, on le dut surtout à quelques années déficitaires.

Pendant la guerre la crise du sucre attira l'attention sur le miel et les apiculteurs ne connurent plus de mévente ; mais après cette crise quelques clients seulement restèrent fidèles.

Les époques de consommation. — En raison de ces changements de méthode dans la vente, il est donc difficile de donner des chiffres, mais j'estime qu'à Paris depuis trente ans la consommation n'a pas augmenté de plus de 25 pour cent.

Par ordre d'importance les mois de consommation sont :

1° novembre, décembre, mars et avril ;
2° janvier et février ;
3° octobre et mai ;
4° juin et septembre ;
5° juillet ;
6° août.

Les principaux fournisseurs du marché de Paris. — Les principaux fournisseurs du marché de Paris sont toujours les apiculteurs du Gâtinais et de la Beauce ; viennent ensuite ceux du Centre, puis de l'Est et un peu du Nord. Je parle des miels de sainfoin premier choix.

Les autres miels de table viennent un peu de toute la France. Ils se paient moins cher que les premiers, sauf quelques miels du Midi, à cause de la préférence que leur accordent les acheteurs de la côte méditerranéenne.

La préférence des acheteurs parisiens va toujours aux « miels blancs de sainfoin », la régularité de ces miels permettant la vente sans discussion.

Organisation de la vente. — Malgré la surproduction et la concurrence dont je vous ai montré les effets, le grand écoulement du miel dans Paris continue à se faire surtout de la façon suivante.

Les apiculteurs vendent toutes leurs récoltes aux négociants en gros, et ceux-ci revendent aux détaillants qui n'achètent jamais que ce qu'ils croient pouvoir vendre.

D'autre part des spécialités se sont établies, il est vrai, à côté de ces vieilles organisations commerciales, mais ces maisons ne peuvent qu'être très rares, les amateurs de miel sont encore trop disséminés dans Paris, pour qu'une clientèle de quartier puisse les faire vivre.

Quelques gros détaillants achètent aussi directement et se groupent même pour ces achats. Ils agissent ainsi pour obtenir des conditions plus avantageuses et faire baisser le prix du miel ; mais ils n'activent guère la consommation, leurs préoccupations sur le miel ne sont que momentanées, elles se dispersent sur trop de produits alimentaires pour s'arrêter à un seul, surtout au miel, qui ne représente pour ces maisons que moins de la 100e partie de leur chiffre d'affaires.

Pour conclure, on peut dire que, dans l'ensemble, la tendance du marché du miel à Paris est vers une augmentation de la consommation, quoique cette augmentation soit plus lente que celle de la production.

Cette tendance ne se maintiendra et ne s'accentuera qu'avec beaucoup de publicité pour décider des clients nouveaux à consommer le miel.

Le but de ce rapport n'est pas de démontrer comment cette publicité doit être entreprise ; mais en exposant ce qu'est devenu le commerce du miel à Paris depuis trente ans, j'espère vous avoir fait connaître la tendance de la consommation, et cette connaissance doit faire entrevoir les moyens de publicité à employer par tous ceux qui ont à cœur l'augmentation de cette consommation, en se persuadant bien, que la vente à un prix rémunérateur pour tous est une condition indispensable pour s'assurer les concours nécessaires et maintenir le développement de l'apiculture en France.

M. Morin. — Je prierai M. Galland de bien vouloir nous donner quelques renseignements sur la Société « L'Union des Apiculteurs » dont il est le directeur.

M. Galland. — « L'Union des Apiculteurs » est une Société commerciale de vente qui fut crée en 1900 par des apiculteurs du Centre qui, à cette époque éprouvèrent de grandes difficultés de vente.

Sur le prix de vente du miel de chaque adhérent est prélevée une certaine somme destinée aux frais de vente et de publicité.

PRÉPARATION DES PRODUITS DU RUCHER
POUR L'EXPÉDITION ET LA VENTE :
PRÉSENTATION, EMBALLAGE ET CONSERVATION

Par M. LEFÉBVRE,
Négociant à Paris.

Le rapport que les Organisateurs de ce Congrès nous ont fait l'honneur de nous confier est, en résumé, le chapitre de l'élégance du miel. Il s'agit, en effet, de prendre presque à sa naissance, et dès qu'il est en âge de se présenter aux regards du monde, ce campagnard parfois un peu trop méconnu, mais sans lequel une société manque toujours d'un de ses auxiliaires et d'un de ses rouages essentiels. C'est à ce titre qu'il importe d'entourer de tous les soins, la toilette de cet aliment roi, et de le mener chez le bon faiseur. C'est un vieil axiome que la correction de la tenue contribue au succès des individus ; il en va de même pour leurs aliments.

Nous verrons donc, Messieurs, la présentation du miel au cours de sa carrière, c'est-à-dire son histoire mondaine.

Sans vouloir imposer, à votre bienveillante attention, un effort trop prolongé, nous parcourerons trois étapes principales :

    I. *Extraction.*
    II. *Présentation et emballage.*
    III. *Conservation.*

Et, touchant le miel, nous serons amenés à dire quelques mots de sa fidèle compagne, la cire.

1° EXTRACTION.

Nous prendrons le miel tout fraîchement récolté et, quel que soit le mode d'extraction employé pour l'arracher aux flancs de la ruche, que ce soit le vieux procédé, aujourd'hui de plus en plus démodé et désuet, de la presse et du chauffage, ou bien plutôt la méthode moderne et généralisée de l'extraction par la force centrifuge, nous trouvons tout d'abord le miel dans des récipients, où il devra accomplir sa maturation et son épuration. C'est la première toilette.

Ici, le miel séjourne sous un volume aussi important que possible, pouvant communément loger de 100 à 300 kgs. et allant parfois dans de grandes installations des pays très mellifères, jusqu'à 20 ou 30 tonnes, comme c'est le cas en Californie. Le miel y mûrit, c'est-à-dire qu'il perd son excès d'eau, soit par évaporation, soit par mélange des parties insuffisamment operculées, pas assez mûres, avec celles qui le sont, au contraire, parfaitement. Mais, en même temps, il se produit un travail d'épuration, par différences de densité qui entraîne à la surface, des débris organiques et la cire. Il s'ensuit la formation, à la partie supérieure du récipient, d'une

Cliché *Société centrale d'Apiculture.*
Fig. 16. — L'extracteur.

couche facile à éliminer et une clarification complète du miel. Un repos plus ou moins prolongé, suivant les circonstances climatériques et l'état du miel, — et celui-ci est bon à soutirer. C'est de ce moment que date sa véritable entrée dans le domaine commercial, c'est-à-dire dans la vie publique ; mais il ne pourra y faire bonne figure que s'il s'est docilement comporté dans cette première étape que nous venons de signaler, et on ne peut trop recommander à tout apiculteur, surtout aux débutants, car les autres sont suffisamment avertis par leur expérience, de préparer l'heureuse carrière de leur enfant par des soins minutieux.

2° EMBALLAGE ET PRÉSENTATION.

Nous passons, Messieurs, au deuxième point, de beaucoup le plus important de notre rapport : la présentation du miel.

Il a tous les costumes, suivant les milieux qu'il visite et les distances qu'il parcourt, mais tous ne lui siéent pas également, et le choix du faiseur joue ici un rôle prépondérant.

Pour faire circuler le miel en quantités importantes, l'usage a adopté trois principaux modes d'emballages : la futaille, l'estagnon en fer blanc et le seau métallique. On a pu en imaginer et en fabriquer d'autres, mais leur succès a été fragile et leur durée éphémère.

Cliché Société centrale d'Apiculture.

Fig. 17. — La désoperculation des rayons et l'enlèvement
du miel à l'aide de l'extracteur.

Le fût. — Le véritable emballage du miel, qu'on l'expédie liquide ou cristallisé, c'est le fût. Un fût de bonne qualité, bien conditionné, et au sujet duquel l'expéditeur de miel prend toutes les précautions voulues, défie les difficultés des transports. Ce n'est pas à dire que le logement en fûts n'ait causé fréquemment des déboires, mais ceux-ci proviennent le plus souvent de la négligence ou de l'ignorance de l'expéditeur.

CONDITIONNEMENT. — *a*) Employer des fûts en excellent bois et de préférence en chêne. Celui-ci est plus solide et possède moins de pouvoir absorbant que les autres. Il faut aussi veiller que le bois ayant servi à la fabrication de la futaille, soit refendu et non scié, car en ce dernier cas, le fil du bois se trouve coupé et l'étanchéité du fût n'est plus aussi bien assurée.

b) Choisir des fûts de contenance plutôt faible : 40 à 150 litres environ. Au-delà, le fût est peu maniable et risque de moins supporter les chocs et de se briser en cas de manutentions brutales. De plus, un fût de contenance moyenne est plus souvent solidement fabriqué, et sa qualité plus facilement contrôlable.

c) Prendre de préférence des fûts neufs, car ceux-ci ne risquent pas de donner au miel un mauvais goût et, ayant plus de chance d'être constitués

Cliché *Vie à la Campagne.*
Fig. 18. — Le maturateur.

de bois bien sec, ils évitent l'absorption, par le miel, de l'humidité contenue dans le bois.

Et ceci nous amène, en passant, à recommander, pour éviter ce double inconvénient, en cas d'emploi de fûts usagés, de bien les laisser sécher avant l'emplissage et de s'assurer qu'ils n'ont contenu aucun produit pouvant donner mauvais goût au miel, lequel est particulièrement sensible aux odeurs fortes de certains produits, ou aux traces de moisissures, lesquelles provoquent aussi des fermentations funestes.

d) Si le trajet doit être long, il faut enduire l'intérieur du fût de paraffine, la cire coûtant trop cher ; cela évitera surtout que se produise, entre le miel et le bois, un double phénomène d'osmose : absorption de l'eau du bois par le miel, et du miel par le bois. Vous constituerez, par là un isolant parfait qui est, du reste, très couramment employé dans tous les pays gros exportateurs, dont le miel est appelé à de longs séjours dans son emballage d'origine.

Emplissage. — Il importe abolument d'opérer comme suit : ne jamais remplir le fût, mais toujours laisser un vide de quelques litres. Le miel se dilate naturellement, suivant l'influence de la température et aussi

Cliché *Vie à la Campagne.*

Fig. 19. — Soutirage du miel.

en passant de l'état liquide à l'état solide. L'absence de creux, dans le fût, amène, en ce cas, des risques d'éclatement qui peuvent être très onéreux, car, en l'espèce, les transporteurs arguent, à bon droit, du vice propre de la chose, et rejettent les réclamations qui leur sont adressées par les parties intéressées.

Ne jamais expédier, non plus, le fût aussitôt rempli, mais le laisser, auparavant, séjourner 2 ou 3 jours. Ainsi auront le temps de s'opérer les réactions toujours possibles, malgré les précautions, survenant au contact un peu prolongé du miel et du bois ; si, par exemple, celui-ci est, malgré tout, un peu humide, il se desséchera au contact du miel et les douves se resserront ; il se produira alors un coulage inévitable. Si vous avez eu la précaution de laisser le fût au repos, comme nous l'avons signalé ci-dessus, vous aurez le loisir de le surveiller, et de pouvoir en temps utile, par un resserrage opportun, corriger l'inconvénient constaté.

De toute façon, après un court séjour des fûts pleins chez vous, rebattez et resserrez les cercles et fixez-les solidement par des bécherons. Vous verrez que dans la plupart des cas, vous pourrez faire gagner, à chaque cercle, quelques millimètres, et parfois quelques centimètres : indice certain de la nécessité de l'opération.

Enfin, fixez-bien la bonde par une plaque ou une barrette métallique.

Fig. 20. — Mise en seau du miel.

L'estagnon en fer blanc. — Si le miel doit circuler longtemps et traverser des zones de température fort variable, ou seulement très élevée, il faut préférer au fût, l'estagnon en fer blanc. On s'arrête en ce cas, à des récipients rectangulaires de 15 à 30 litres, dont la fermeture est assurée par une plaque soudée, bouchon à vis, ou encore fermeture dite « à sou ». Ces estagnons, remplis toujours avec la précaution d'un léger vide, et fermés soigneusement, sont logés dans un cageot (de bois de préférence, pour éviter les trous de clous) : ils sont aptes alors à être expédiés. Mais il faut s'assurer d'un fer blanc épais et d'excellente soudure pour éviter les pertes — qui malgré ces précautions se produisent encore assez fréquemment. — Nous pouvons même déclarer, en ce qui nous concerne, que nos exportations en fûts nous donnent très rarement des pertes, alors que celles faites en estagnons nous en causent assez souvent et ce, dans le rapport de 5 à 1, compte tenu de la proportion de chaque caté-gorie d'emballages.

Le seau métallique. — Quand celui-ci est traité comme un esta-gnon, c'est-à-dire à fermeture à sou, ou soudée, et logé en cageot en bois, il supporte facilement le transport du miel liquide. En cas contraire, il ne faut absolument l'employer que pour du miel solide. Ceci nous amène catégoriquement à en déconseiller l'emploi pour le miel frais et encore liquide, ou en pâte, et à ne l'admettre que pour le miel cristallisé. Ce point est capital. De notre expérience propre, tant comme spécialiste du miel que comme expert auprès de la Douane et du Tribunal de commerce, de l'avis de nos confrères et de nombre d'apiculteurs, des enquêtes faites par nous auprès des Compagnies de transport, il résulte que le plus grand nombre des litiges, pour avaries et manquants, provient de l'emploi des seaux métalliques pour transpor-ter le miel liquide. Nous en déconseillons donc formellement l'emploi, dans ce cas particulier. Ceci nous ramène à souligner notre préférence marquée pour le fût. Celui-ci a, en outre, d'autres grands avantages sur ses deux principaux rivaux :

Fig. 21.
Le seau métallique.

a) Il est moins coûteux ;

b) Il peut resservir presque indéfiniment, quitte à remplacer de temps à autres une pièce. L'estagnon, lui, est rendu inutilisable dès qu'il faut le débarrasser d'un miel solide, à moins de fondre celui-ci à même le réci-pient, ce qui n'est pas recommandable ; le seau de son côté, est très sensible aux chocs.

*
* *

Si la présentation du miel, pour la vente en gros, manque nécessaire-ment d'élégance, et sacrifie le style du vêtement à la nécessité de le porter solide et imperméable, il n'en est pas de même quand ce miel est destiné à atteindre le consommateur.

Ici le miel doit plaire, avant d'avoir été goûté, par le charme de sa pres-tance, le port et le raffinement de sa tenue. Ceci est de la psychologie avisée, et chaque vendeur de miel doit s'efforcer de rajeunir et de varier le plus possible les toilettes de son préféré.

Sous quelles formes le présenter ?

Elles sont peu variées, car l'état du miel exclut les mille possibilités gracieuses des confiseries, et des nombreux aliments de choix. Il lui faut, en effet, être engoncé dans un costume qui l'enferme, et dont la rigidité maintienne sa taille souple et gracieuse.

On a bien essayé de le vendre en « boîtes de carton » plates ou en papier épais, comme le beurre, mais cette innovation a peu réussi, parce que difficile à concilier avec les températures un peu tièdes, qui le ramollissent facilement.

On le vend aussi en « sections » ou en gâteaux. tel qu'il est dans la ruche avant son extraction du rayon de cire, où l'abeille l'a judicieusement réparti. Cette forme est certes des plus gracieuses et des plus simples, et nécessite un emballage minimum.

Les caisses. — Si c'est un gâteau brut, on le loge dans une boîte à couvercle de verre ; si c'est la section, toute préparée à cette fin de présentation personnelle, le cadre de bois qui soutient la cire gaufrée, porte en même temps le miel dont elle est gonflée, et on la présente ainsi, très simplement. Mais alors il faut la transporter, et ici commence la difficulté. On est toujours à rechercher la caisse idéale qui peut mener, sans heurts et aux moindres frais, la section, du rucher à la ville.

Entre les caisses compliquées, placées sur ressorts, qui offrent relativement peu de risques de casse, confiées au transporteur et la caisse commune transportée à main par son propriétaire, il n'y a de place que pour des envois risqués, livrés à la fortune de la chance, bonne quelquefois, et le plus souvent mauvaise.

Clichés *Société centrale d'Apiculture*.
Fig. 22. — Pots de verre à miel.

En outre, la section est onéreuse à produire et, dans notre pays de courte miellée, il est difficile d'obtenir à point voulu, la population très garnie, coïncidant avec la grande abondance du nectar et le temps propice. Il faut donc renoncer à voir, chez nous, la section jouer le rôle qu'elle remplit dans des régions très mellifères, comme la Californie par exemple. De plus, cette façon de présenter le miel correspond à un goût donné, assez peu répandu chez nous, et apprécié surtout par des étrangers habitués à cette sorte de présentation.

En France, et du reste en Europe, pour les raisons ci-dessus, on consomme de préférence le miel extrait sous forme liquide ou solide. A ce propos, nous tenons à mettre en garde non seulement le public, mais aussi nombre d'apiculteurs, contre une équivoque qui, si elle n'était pas dissipée, pourrait avoir des conséquences funestes pour la consommation du miel.

Certains pays, l'Amérique en est l'un des promoteurs — préfèrent le miel liquide, sous prétexte qu'il donne plus de garanties de pureté. C'est à ce point qu'ayant personnellement expédié, en 1921, à New-York, du miel solidifié en pots de verre, il nous fut demandé des explications sur la nature de ce miel qui dépaysait totalement les acheteurs. Depuis lors, nous n'y envoyons plus que du miel liquide.

Inversement, d'autres pays, habitués au miel cristallisé, ont tendance à suspecter le miel liquide.

Nous avons entendu, au dernier concours agricole, un apiculteur-exposant, répondre par des critiques acerbes et injustes à une cliente qui lui demandait du miel liquide : « qu'un tel miel ne présentait aucune garantie de pureté ». Il faudrait, cependant s'entendre et si, comme nous le pensons, le but de chacun de ceux qui touchent de quelque côté que ce soit au miel, est d'en faire consommer beaucoup, il importe de ne pas jeter la suspicion sur le produit, sous les diverses formes qu'il se présente.

Cliché *Société centrale d'Apiculture.*

Fig. 23. — Mise en pots.

Revenons donc à notre présentation au consommateur. Il nous en reste, en pratique, quatre principaux modes suivant l'emballage utilisé :

le *pot de verre*, le *pot de grès*, la *boîte métallique*, le *pot de carton*.

Les trois derniers présentent le même inconvénient de masquer le contenu. Or, le miel est un produit cher, dont la teinte varie avec ses origines, et souvent avec la finesse de sa qualité. D'où le désir naturel de l'acheteur, de voir l'objet qui le tente : c'est essentiellement humain, et il nous faut satisfaire ce désir ; c'est là le grand avantage du pot de verre.

Le pot de verre. — De formes plus variées que les autres récipients, fait pour recevoir des chamarrures attirantes : écussons, étiquettes, rubans, capsules brillantes et rigides, ou parchemins moëlleux, il est l'armure de parade, aussi bien que l'habit de cour, du miel. Et c'est sous ces costumes voyants qu'il abordera la devanture alléchante ou la table coquette. Il est cher, très cher ; il se brise aux chocs, comme les armures, autrefois, sous les lances ; il est lourd aussi comme elles, et tout empânaché, tout protégé, il constitue pour les envois, de lourds et fragiles fardeaux, d'autant plus dangereux qu'il sera souvent porteur d'un beau nectar doré, mais liquide, et qu'une fois souillé de parcelles de verre, celui-ci n'aura plus d'emploi qu'aux dépens de toute sécurité. Mais c'est le pot de verre, celui auquel l'apiculteur *doit* de vendre en grande partie son miel.

Le pot de grès. — Il a les mêmes avantages, mais il est plus lourdeau et plait moins. Il est pratique pour les familles ou les consommateurs un peu importants. Nous ne lui avons jamais constaté cependant le défaut qu'un apiculteur distingué lui adressait il y a quelques mois, « d'être fragile et de ne pas résister à la dilatation du miel ». Il est vrai qu'en la matière, il faut s'adresser à de très bonnes maisons, et s'assurer d'un grès parfaitement cuit et préparé.

Clichés *Société centrale d'Apiculture.*

Fig. 24. — Pots en carton paraffiné.

La boîte métallique. — Nous ne parlerons de celle-ci que pour mémoire : elle a eu une période de vogue pendant la guerre, époque difficile où les récipients manquaient et où il était nécessaire qu'ils fussent résistants et étanches pour pouvoir gagner le front. Elle rend encoré quelques services pour l'exportation dans les Pays chauds. Mais, en fait, elle a vécu.

Le pot de carton. — C'est incontestablement l'emballage qui a fait ces dernières années, le plus grand pas en avant. Entre le pot informe en accordéon d'il y a une quinzaine d'années, et le pot gracieux et rigide d'aujourd'hui, qui se sertit à l'instar d'une cartouche, conserve le miel bien longtemps, sans encombre, et n'a plus ces vilaines taches qu'un carton mal paraffiné laissait vite apparaître, il y a peu d'années.

Incontestablement, c'est un bel et bon emballage. Il se farde et se poudre, tel une jolie femme et on l'habille de tous les colifichets que les coulisses gardent en réserve pour les pièces à grand spectacle. C'est à ce point de vue, pour le miel, un peu un costume de théâtre, celui qui attire l'œil et plaît à la masse, autant qu'aux élites. Aussi en a-t-il le succès, et n'était qu'on n'y voit pas la marchandise, il doit, après le pot de verre, attirer les suffrages. Il n'est pas très cher, mais il est volage et ne revient pas souvent. Quand il nous quitte, c'est adieu qu'il faut lui dire. Peut-être cependant, le corrigera-t-on de ce défaut et parviendra-t-on à nous le retourner aussi frais qu'il nous a quittés.

3°. — CONSERVATION

Messieurs, nous aurions terminé si, pour mener à son terme notre programme, nous ne devions ajouter un simple mot sur la conservation du miel et de la cire.

De la conservation, nous dirons seulement ceci : pour bien garder le

Cliché *Vie à la Campagne.*

FIG. 25. — Cérificateur solaire.

miel, placez le dans un récipient propre et étanche, et placez ce récipient dans un local sec, assez aéré et frais et vous aurez rarement des déboires. Si, d'autre part, le miel est conservé en pots de verre, avec une fermeture hermétique, il se comporte admirablement bien, sans souci des difficultés du milieu.

La conservation de la cire est moins compliquée. On l'habille un peu comme on veut, en lui donnant, en même temps, des formes primatiques variées. Elle nous apparaît souvent revêtus de papiers de couleurs et souvent aussi dans son état naturel. Mais personne n'en prend ombrage et, bien au contraire, on l'apprécie et la juge mieux ainsi ; et cette simplicité est la meilleure sauvegarde contre ses redoutables rivales qui, usant de son nom, n'osent affronter, toutefois, les regards perspicaces, nous ne disons pas seulement des connaisseurs, mais même des profanes. Nous voulons parler des cires mélangées qui s'offrent à nous sous le nom de cires « pures ».

Nous prétendons à la liberté de ces mélanges, mais ne pouvons admettre qu'ils puissent tromper le public, et nous sommes heureux de rendre hommage à l'activité déployée, depuis quelque temps, par les Services de la Répression des fraudes, qui poursuivent rigoureusement de telles pratiques.

Cliché *Agriculture nouvelle.*

Fig. 26. — Cérificateur solaire grand modèle.

La cire, qui devrait avoir une place considérable dans l'entretien, le nettoyage et la conservation des parquets et des meubles, sera ainsi moins souvent supplantée et retrouvera le rôle important qu'elle jouait autrefois, chez les ménagères.

J'en ai fini, Messieurs. Excusez-moi d'avoir tant allongé mon sujet ; la faute n'en est pas au conférencier, mais à l'importance même du sujet que les organisateurs de ce Congrès ont bien voulu nous confier.

M. le Président — Messieurs, il nous a été très précieux d'entendre des conseils aussi intéressants et judicieux que ceux que vient de nous donner le Rapporteur.

Par son commerce, M. Lefebvre était tout désigné pour traiter d'une façon aussi parfaite cette question du programme.

M. Coynard. — M. Lefebvre veut-il bien nous faire connaître la manière de paraffiner un fût ?

M. Lefebvre. — On paraffine à chaud en introduisant le produit par la bonde ; on bouche et on roule le fût afin d'étendre le mieux possible la paraffine sur toute sa surface intérieure.

M. le Président. — M. Lefebvre préconise le fût en chêne ; ce dernier ne colore-t-il pas parfois le miel ? Celui en hêtre m'a donné d'excellents résultats.

M. Coynard. — En ce qui concerne les pots de verre, je dirai qu'étant très onéreux, je leur préfère le pot en carton, moins cher. Celui-ci peut d'ailleurs être paré soigneusement à l'aide d'étiquettes décoratives.

M. Mamelle. — Pour les quantités importantes de miel, en Amérique, on utilise surtout les estagnons réunis par deux dans une caisse à claire-voie. L'emballage et son contenu pèsent environ 50 kg. J'estime donc, en ce qui nous concerne, que si le fût convient aux gros intermédiaires, l'estagnon est l'emballage qui parait convenir pour l'apiculteur qui vend directement au commerce de détail.

Nous ferons œuvre utile à ce Congrès, si nous arrivons à faire adopter, en principe, l'estagnon américain.

L'apiculteur français devrait chercher à adopter un modèle d'estagnon d'une contenance variant entre 15 et 30 kg., possédant une ouverture de 15 centimètres de diamètre. permettant l'extraction facile du miel même cristallisé.

L'adoption de cet estagnon faciliterait certainement notre commerce avec l'étranger.

En ce qui concerne l'emballage « en sections », nous pouvons également tirer de précieux enseignements des méthodes américaines. Aux Etats-Unis, les sections sont au préalable à l'emballage entourées d'une feuille de célophane, puis placées dans des caisses de 6 à 24 unités calibrées. Ces caisses sont vitrées sur l'une des faces.

Depuis la cessation des hostilités les « sections » sont très demandées à Paris.

M. Bonamy. — L'estagnon est un excellent emballage, mais il coûte relativement cher. Le « Syndicat national d'apiculture » a adopté le fût de 50 kgr. qui donne d'excellents résultats pour l'exportation.

En ce qui concerne notre commerce intérieur, il ne faut pas oublier de tenir compte des exigences de l'acheteur. Aussi préconiserai-je la méthode suivante : après récolte, loger le miel en seaux de 20 kgr. Si l'achat a lieu dès après la récolte, avant que le miel soit granulé, transvaser dans des fûts de petite contenance. Si la vente n'a pas eu lieu avant granulation, laisser en seaux et vendre dans ces derniers.

M. Lefebvre. — Permettez-moi de signaler que l'estagnon de 100 kg. logé dans une caisse de bois me revient à 53 fr., alors que le fût en chêne d'une même contenance ne revient qu'à 38 fr. De plus l'estagnon ne peut être utilisé plusieurs fois.

M. Giraud. — Pour l'emballage des sections, il est avantageux de grouper les caisses par fardeaux en les séparant par des lits de paille, les fardeaux étant également entourés de paille. Deux poignées facilitent la manutention des colis.

M. Mathieu. — Doit-on vendre le miel liquide ou cristallisé ? A mon avis on devrait de préférence l'expédier à l'état solide en joignant à l'envoi une notice expliquant au client le moyen de rendre le produit liquide. Cette méthode a d'ailleurs été propagée par Dadant en Amérique. L'expédition du miel à l'état « solide » résoudrait sous une certaine forme le problème si délicat du transport.

M. Galland. — La clientèle impose la plupart du temps le miel liquide ; pour elle le miel solidifié n'est pas du miel.

M. le Président. — Comme suite au rapport de M. Lefebvre, je vous propose d'émettre le vœu suivant :

« *Que des modèles de récipients standardisés pour le transport du miel en France et pour l'exportation soient étudiés sous l'égide de la Fédération Nationale des Sociétés d'apiculture de France et qu'un concours soit ouvert entre les industriels en vue d'une fabrication solide, en série et à bon marché.*

Le vœu, mis aux voix, est adopté à l'unanimité.

TRANSPORTS

M. Authelin. — Permettez-moi d'attirer l'attention du Congrès sur les prix élevés demandés par le Chemin de fer pour le transport des ruches peuplées. Il y aurait intérêt à les réduire en vue de faciliter le repeuplement dans certaines régions du pays, notamment dans les régions dévastées par la guerre.

Un apiculteur aurait payé 1800 francs pour le transport de 200 ruches en provenance de la Marne pour la Meurthe-et-Moselle.

M. Poher. — Les prix de transport des ruches peuplées peuvent paraître au premier abord assez élevés ; ils n'atteignent cependant que deux fois 1/2 à peine ceux d'avant-guerre. Dans le cas peu précis qui vient de nous être cité, il pouvait s'agir soit d'un transport en grande, soit d'un transport en petite vitesse.

Dans la première alternative la taxe applicable était celle des articles de messagerie ordinaires, majorée de 50 %, si les colis ne pesaient pas 200 kg. sous le volume d'un mètre cube.

Dans la seconde alternative les prix applicables étaient ceux prévus à la 1re série du tarif général, majorés ou non de 50 % suivant que l'expédition ne pesait pas ou pesait plus de 200 kg. au mètre cube.

Il est très vraisemblable que l'expédition a été taxée moitié en sus des prix de base à cause de la faiblesse de son poids volumétrique. L'apiculteur qui expédie des essaims a tout intérêt à tenir compte de cette considération, afin d'éviter cette surtaxe due au grand volume de l'envoi qui encombre le matériel des Compagnies et leur cause des sujétions de transport dont la contre-partie se trouve dans une taxation plus lourde.

J'ajouterai que le prix des essaims a considérablement augmenté du fait des besoins des régions dévastées en vue de leur reconstitution et cela dans une proportion qui laisse loin derrière elle la majoration des prix de transport.

Mais tenant compte précisément des besoins de nombre de régions françaises en abeilles de repeuplement et d'autre part de la bonne volonté manifestée par nos grandes Administrations de Chemins de fer en faveur de la régénération et de l'extension à donner à l'apiculture française, je ne vois personnellement aucun inconvénient à ce que le Congrès demande à nos Compagnies d'examiner la possibilité de faciliter les transports de ruches peuplées de régions à régions et à l'importation.

Je suis persuadé que la question sera examinée par leurs services commerciaux avec la plus grande bienveillance et avec le désir de donner satisfaction dans la plus large mesure du possible.

M. le Président. — Je proposerai au Congrès d'émettre le vœu suivant tenant compte à la fois du désir manifesté par M. Authelin au nom de nos apiculteurs et des observations présentées par M. Poher :

« Que l'attention de M. le Ministre des Travaux Publics et des Administrations de chemins de fer soit appelée sur l'intérêt que présenterait une tarification plus réduite que celle actuellement en vigueur pour le transport des ʻruches peuplées, en vue de faciliter l'extension et l'amélioration de la production apicole dans les différentes régions de la France (Adopté à l'unanimité).

La séance est levée à 12 heures 1/4.

Séance du mardi 6 mai.

Soirée

La troisième séance est ouverte à 14 h. 30 sous la présidence de M. Hommell, directeur de l'Agriculture de l'Alsace et de la Lorraine.

Avaient pris place au bureau : MM. Albert Laurent, inspecteur Général représentant M. le Ministre de l'Agriculture ; Poher, ingénieur des Services Commerciaux de la Compagnie d'Orléans ; Giraud, président de la Fédération Nationale des Sociétés d'Apiculture de France et des Pays de Protectorat ; Bonamy, président du Syndicat National d'Apiculture ; Sevalle, secrétaire général de la Société Centrale d'Apiculture.

Etaient présents dans la salle :

Mmes Vabre, de Gourault, Caillas, Sonnier, de Guiringaud, Rubé, Gallaire, etc.

MM. Biette, Thomas, Desbois, Descombes, Manceau, Mancel, Bittel, Roger, Le Forestier, Gallaud, Barret, Gallet, Danguy, Lavigne, Mesnil, Dehors, Méjanet, Guillaume, Perret-Maisonneuve, Cury, Caillas, Carré, Brancher, Galvin, de Benoist, Fortuna, Rollin, Faucheux, Ek, Leleu, Vanvooren, Couaillier, Landras, Morin, Couallier, Trubert, Déché, Bellon, Crepellière, Robert, Baudu, Roche, Foucault, Sellier, Buissonneau, Hoste, Sicot, Esteoule, Porcheray, Paulhoc, Morin, Richebourg, Creusillet, Lachaud, Riberon, Malhoudeau, Boucraut, Cretey, Gillet, de Coynard, Authelin, Gibier, Jacquet, Devaux, Mathieu, Bergmann, Bertheux, Mothré, Barbet, Guyot, Thomas, Carteron, Roy, Legendre, Caillas, Rougeray, Aubertin, Delœuvre, Lefebvre, Robert, Gobert, Dubois, Pique, Bignon, Fabiès, Bacus, Patout, Lenoir, Darzeus, Picard, Palaut, etc., etc.

M. le Président. — J'ai à vous communiquer les excuses de M. Pinon, président de la Société d'Apiculture du Loir-et-Cher qui, retenu par la maladie, ne peut vous présenter le rapport que les organisateurs de ce Congrès lui avaient confié.

Permettez-moi d'adresser au nom de tous, nos vœux de prompt rétablissement à notre distingué collègue.

M. Mamelle, maître de Conférence à l'Ecole Nationale d'Agriculture de Grignon, professeur d'apiculture, a bien voulu accepter la tâche de le remplacer. Nous l'en remercions vivement.

ÉTUDE DES MOYENS DE PUBLICITÉ
ET DE PROPAGANDE EN FAVEUR
DE LA CONSOMMATION DES PRODUITS APICOLES

Par M. MAMELLE,
*Maître de Conférences à l'École Nationale d'Agriculture de Grignon,
Professeur d'Apiculture.*

Je prie MM. les Membres du Congrès d'excuser les omissions et les imperfections de ce rapport, ayant accepté à la dernière heure de remplacer M. Pinon, rapporteur, empêché par suite de maladie.

Il est inutile de développer en un long exposé les motifs justifiant l'intérêt de l'étude des moyens de publicité et de propagande en faveur de la consommation des produits apicoles. Vous les connaissez tous : la production augmente sans cesse, la consommation ne suit pas, les apiculteurs redoutent la mévente. Cette éventualité suscite invariablement de longues discussions et de nombreuses propositions lors des réunions des groupements apicoles. Mais les efforts sont souvent divisés, épars, et les moyens financiers restent faibles.

Vous êtes tous des « militants » de l'apiculture et vous pouvez tous vous glorifier de l'essor qu'elle a pris dans notre pays. Mais vous sentez aussi la part de responsabilité que vous avez assumée en engageant de nombreux néophytes dans cette voie. Quelques-uns d'entre vous en arrivent à redouter que des années d'abondance ne viennent déchaîner la mévente ; d'autres crient « Casse-cou » et écrivent même que nous devrions freiner la production, afin d'éviter qu'un jour elle ne nous noie sous un « flot de miel ».

Je ne suis pas de cet avis. Etant données les difficultés économiques de l'heure présente, je ne crois pas que l'apiculture française puisse souffrir de surproduction. Le cours actuel du franc doit nous permettre de conserver et de conquérir une bonne place sur les marchés étrangers. Si certains débouchés se sont fermés, d'autres se présentent plus favorablement.

Le miel n'est pas une denrée périssable ; récolté convenablement et bien emmagasiné, il se conserve pendant des mois et des années sans perdre de ses qualités. Aux années d'abondance peuvent succéder des années de disette.

D'autre part l'industrie biscuitière pourrait et devrait absorber tous nos miels de second choix. Ceux-ci sont trop souvent présentés et offerts pour la table. Il y a là une erreur de tactique qui nuit à la production en général, puisqu'elle désoriente le consommateur et l'éloigne de nos produits.

L'hydromel nous permettrait aussi de tirer parti de nos miels inférieurs. Mais il serait nécessaire d'apporter quelques modifications à la législation qui réglemente sa fabrication, afin de la rendre plus pratique et plus économique.

Nous devons nous efforcer d'être compris dans la loi des bouilleurs de crus. Si les alcools de fruits sont réservés à la consommation, ceux des fleurs doivent l'être à plus forte raison et non utilisés comme « carburant national ».

Mais je me suis un peu éloigné de mon sujet : il s'agit de propagande et de publicité.

Revenons donc au miel et à sa consommation à table qui pour le consommateur est encore la meilleure façon d'en bénéficier (j'insiste sur le mot). En effet il est absolument nécessaire pour lui et pour nous qu'il sache bien à quel aliment peu ordinaire il a affaire (j'écris aussi pour bien des apiculteurs).

Il faut s'efforcer de faire connaitre par tous les moyens dont on dispose que le miel est l'aliment hygiénique par excellence.

C'est en effet le sucre naturel directement assimilable sans que le tube digestif ait à intervenir par le travail d'aucun organe. Mieux qu'aucun autre, il entretient notre chaleur animale et permet la continuité de l'effort. C'est l'aliment du travailleur et du sportsman. Microbicide, mieux que les drogues, il garantit de nombreuses affections pulmonaires et gastro-intestinales. C'est l'antiseptique naturel par excellence.

Enfin, c'est l'aliment vivant, puisque la fleur et l'abeille lui ont confié une partie de leurs enzymes et de leurs vitamines. La présence de ces agents nous met à l'abri des troubles de carence nutritive, des maladies redoutables tel que le scorbut.

On propose d'éduquer le consommateur ; oui, mais à la condition essentielle de ne lui offrir que des produits parfaits et variés. Après avoir éduqué celui-ci sur les propriétés bienfaisantes du miel, il faut lui faire connaitre les différents crus, c'est-à-dire les miels des différentes régions. Les présenter par des désignations indiquant la provenance et la fleur dans laquelle il a été puisé.

Aux Etats-Unis où l'apiculture est si avancée, cette éducation du consommateur est réalisée. Les miels sont désignés par la région d'où ils proviennent et la fleur sur laquelle ils ont été butinés (miel de sainfoin, miel de luzerne, etc...) La coloration n'intervient qu'en troisième lieu pour renseigner l'acheteur sur la catégorie où ils se classent.

Il importe donc que nos apiculteurs s'efforcent de tirer le meilleur parti du matériel moderne dont ils disposent, les ruches à cadres devant viser plus à la qualité qu'à la quantité des produits et donner des miels et cires de qualités nettement définies.

Placées dans des régions bien déterminées, au point de vue floral, elles permettront de sérier les récoltes et d'obtenir des miels dont le nom sera donné par la fleur.

Les miels de « second » ou de « troisième » choix disparaîtront des vitrines, car ils discréditent l'ensemble de notre production. Nous pourrions en citer des exemples très nombreux que nous avons pu constater à Paris.

Pour exercer une action efficace sur la consommation, il ne faut pas se faire d'illusion sur l'action des différents procédés de propagande et de publicité. Ils sont chers. Nous ne sommes plus malheureusement à l'époque des bonnes volontés. Un budget de publicité ou de propagande doit être important, car il faut rémunérer les écrits ou les démarches des publicistes, les frais accessoires (papier et timbres), les frais d'affichage ; les dépenses s'élèvent rapidement et il ne faut pas oublier qu'il est indispensable pour obtenir un résultat de persévérer dans l'effort. La preuve en est faite dans tous les commerces alimentant un budget de publicité sérieux.

Si nous voulons faire œuvre utile au cours de ce Congrès, il faut que de nos séances sortent deux organismes nouveaux : 1° une Commission de propagande et de publicité ; 2° des Caisses pouvant lui assurer les ressources nécessaires.

Cette Commission est indispensable afin de diriger, de contrôler la publicité, de donner des directives et d'utiliser rationnellement les fonds mis à sa disposition.

PUBLICITÉ

Le travail est complexe. Une publicité bien comprise peut s'exercer par :

a) *La presse.* — Il faut d'abord agir auprès de la grande presse afin qu'elle s'intéresse à notre cause. Ensuite auprès de la presse régionale en vue d'obtenir la publication d'articles de vulgarisation dans les colonnes réservées aux médecins, aux hygiénistes. La Commission dont nous venons de parler se mettrait en rapport avec les rédacteurs spécialistes et leur proposerait des articles ou les documenterait, s'il était nécessaire. Le grand public serait ainsi instruit par une série d'articles simples, précis, et souvent renouvelés n'ayant bien entendu aucun caractère mercantile. La publicité collective ou personnelle à texte court, de préférence agrémenté d'illustrations, interviendrait ensuite.

b) *Il faut agir aussi auprès des revues périodiques* à caractère généralement littéraire qui réservent néanmoins un certain nombre de pages à des articles ou à des rubriques à caractère scientifique ou technique. Leurs pages doivent nous être ouvertes.

c) *Auprès des revues culinaires.* — La publicité exercée dans ces revues doit être d'un effet appréciable. Il faut en effet documenter la ménagère aussi bien sur les qualités bienfaisantes du miel que sur une série de recettes courtes, simples et à leur portée.

d) *Auprès des bulletins corporatifs* tels le Journal de l'épicerie, le Bulletin des Halles et Marché, etc., qui feront l'éducation de leurs lecteurs souvent très ignorants des qualités des produits dont ils font le commerce.

e) *Les Revues agricoles* dont le succès est de plus en plus grand ne devront pas être négligées ; les articles consacrés au miel, aliment parfait, seront la suite logique de ceux consacrés à l'apiculture.

f) *Les revues sportives, la presse touristique et hôtelière, les publications touristiques des Compagnies de Chemins de fer, les organes de publicité des stations balnéaires ou thermales,* doivent être touchés efficacement. Le miel devrait être en effet le sucre du « sportsmann », indispensable à l'entraînement. Rappelons que dans l'Antiquité les athlètes aux prouesses légendaires n'usaient que de ce sucre naturel. La presse touristique et hôtelière, les organes de presse des stations balnéaires et thermales semblent de première importance pour notre publicité.

g) *Les tracts.* — Les sociétés d'apiculture ont beaucoup usé de tracts distribués lors de certaines expositions agricoles. Il serait intéressant qu'elles nous renseignent sur les résultats obtenus par ce genre de publicité.

h) *Les affiches.* — Le Syndicat national d'apiculture vient de faire paraître une affiche très réussie, établie suivant le type passe-partout. Cette affiche permet aux apiculteurs et aux commerçants, de s'en servir directement pour leur publicité particulière.

Les affiches sont d'un excellent effet dans les endroits publics, dans les maisons d'alimentation, les restaurants et les hôtels.

PROPAGANDE

a) *Les tableaux éducatifs.* — Je voudrais voir entrer à l'Ecole le tableau mural, traitant des bienfaits du miel. Nous connaissons, en effet, quelques tableaux servant à l'enseignement de l'apiculture. Celui que nous proposons continuerait heureusement la série.

Nous signalerons que les Sociétés de tempérance estiment que les tableaux scolaires ont rendu les plus grands services à la cause de l'anti-alcoolisme.

b) *Les circulaires* invitant les détaillants, les droguistes, les confiseurs à nous aider dans notre propagande peuvent également seconder nos efforts.

c) *Les foires aux miels et expositions diverses.* — Toutes les manifestations apicoles publiques servent à la propagande en faveur de la consommation du miel, principalement les concours agricoles et apicoles et surtout les foires aux miels. Les exposants sont unanimes sur ce point. Il y a donc lieu de multiplier ces manifestations, en subventionnant au besoin les sociétés régionales ou départementales souvent pauvres. Mais il importe de refuser l'entrée de ces foires ou expositions à tous les produits douteux, les miels de second ou de troisième choix ont leur place dans la biscuiterie, ou à la cuve à hydromel.

d) *Les dégustations gratuites.* — Dans les expositions encourager les dégustations gratuites et les distributions aux élèves des écoles.

e) *Les conférences apicoles,* surtout celles accompagnées de projections cinématographiques ont toujours beaucoup de succès auprès du Public. Rappelons donc aux conférenciers de ne jamais oublier lors d'une conférence, de consacrer quelques minutes aux bienfaits dus à la consommation du miel.

f) *La T. S. F.* quoique née d'hier, occupe déjà une place considérable

Cliché *Vie à la Campagne.*

Fig. 27. — Un rucher-école.

à la ville comme dans les campagnes. Les Sociétés d'émission sont très circonspectes en matière de publicité commerciale ; mais elles acceptent volontiers de prêter leur concours à toute œuvre d'intérêt général ; ce dont nous pouvons nous réclamer.

La Commission de propagande pourra aussi exercer son action auprès des Pouvoirs Publics, directement ou par l'intermédiaire du Conseil Supérieur de l'Apiculture, dont le Ministère de l'Agriculture a décidé la création.

Enfin l'usage du miel peut être recommandé officiellement dans les établissements de l'Etat : hôpitaux, orphelinats, crèches, écoles, lycées, par des circulaires officielles ou des tracts résumant les raisons de cette recommandation.

Des circulaires peuvent aussi rappeler aux établissements s'occupant d'hygiène (écoles d'infirmières, écoles ménagères, lycées de jeunes filles, etc.) de réserver une bonne place aux miels dans leur programme d'enseignement.

Nous sommes convaincus aussi que pour cette utile action en faveur de la publicité et de la propagande indispensables à l'augmentation de notre consommation nationale, nous aurons l'appui sous toutes ses formes des Offices agricoles, des Sociétés d'agriculture, et des Services de propagande agricole et commerciale des Compagnies de Chemins de fer. L'organisation de ce Congrès nous en fournit la preuve.

Je proposerai donc au Congrès d'émettre les vœux suivants :

PREMIER VŒU. — *Que soit créée entre les divers organismes intéressés une Commission chargée de l'étude et de la mise au point des moyens de publicité et de propagande en faveur de la consommation du miel.*

DEUXIÈME VŒU. — *Que des caisses spéciales soient créées par les divers groupements apicoles en vue de subvenir aux frais nécessités par cette propagande et cette publicité.*

TROISIÈME VŒU. — *Que dans les expositions, les récompenses ne soient pas accordées au plus bel étalage, mais aux meilleurs produits, classés par catégories déterminées d'après les régions dont ils proviennent.*

M. le Président. — Je remercie M. Mamelle d'avoir traité d'une façon aussi parfaite, cette très importante question de la propagande et de la publicité en matières apicoles.

En ce qui concerne la propagande je signalerai que la Société d'Apiculture d'Alsace-Lorraine a créé des dépôts de vente dans le Haut-Rhin. Ces dépôts, placés sous sa surveillance donnent d'excellents résultats.

M. Authelin. — Si nous voulons écouler nos récoltes, exerçons l'action la plus directe possible auprès du consommateur. L'éducation de ce dernier par des conférences et des dégustations gratuites est une excellente méthode.

M. Gallet. — Dans toutes les expositions il serait intéressant d'annexer des présentations de produits apicoles.

M. Morin. — Tous les apiculteurs se sont réjouis de la tenue de foires au miel. Mais j'ai constaté que ces dernières étaient souvent accaparées par les marchands ; ils ont toujours les meilleurs emplacements et ce jour-là seulement ils vendent du miel à 6 fr. le kilo ; ils affichent le miel à 6 fr. pour concurrencer les producteurs qui n'y reviennent plus. J'attire aussi l'attention sur les camelots qui y vendent sans conteste des produits dits « au miel ».

Si l'on veut garder la bonne renommée de nos produits, il faut que dans ces foires, il ne soit vendu que du vrai miel et des produits réellement « au miel ». Tous les autres doivent disparaître des stands de l'apiculture.

.Je n'ai pas la prétention de porter atteinte à la liberté de qui que ce soit ; il y a des places publiques où tout le monde a le droit de vendre ; je demande ce règlement pour les stands d'apiculture seulement. L'apiculture étant une culture nationale, elle doit être protégée par la nation entière. On devrait obliger les organisateurs de ces foires à afficher. « Ici, il ne sera vendu que du miel pur et des produits garantis au miel » — et à faire connaître le pourcentage de miel qui y est contenu.

M. Bonamy. — En ce qui concerne le premier vœu proposé par M. Mamelle, je signale que le Syndicat National possède une « Caisse de propagande » dont les fonds sont constitués par les versements des producteurs et des négociants, sous la forme du « sou de la propagande ». Mais leur recouvrement est parfois difficultueux. C'est ainsi que cette année au lieu de 60.000 fr. il n'a été encaissé que quelques milliers de francs.

M. Galland. — Je ferai remarquer à M. Bonamy que nombre des producteurs sont adhérents à l'Union des Apiculteurs et qu'un double effort est difficile à exiger d'une Société commerciale dont les membres versent déjà 0,30 par kg. de miel vendu.

M. Bonamy. — La presse apicole devrait appeler l'attention de ses lecteurs sur « le sou de la propagande » et servirait ainsi les intérêts de tous.

M. Mamelle. — Je ferai remarquer que le vœu que je propose est rédigé dans un sens général, chaque groupement apicole pouvant en effet posséder une Caisse particulière de propagande.

M. Roche. — Tous les apiculteurs de France n'hésiteront pas, soyez-en certains, à verser des deniers à une « Commission officielle », mais non à un groupement particulier. Cette Commission pourrait être d'ailleurs constituée par les délégués de tous les groupements apicoles.
La Caisse que nous créerons ainsi serait vraiment la Caisse de propagande de tous les apiculteurs français.

M. Bonamy. — La combinaison proposée par M. Roche entraînerait de nombreux inconvénients pour le Syndicat National d'Apiculture qui a pris l'initiative de ce mouvement, et désire la conserver.

M. Roche. — Mais il existe une « Fédération Nationale des Sociétés d'Apiculture de France et des pays de protectorat » ; que le « Syndicat national » devienne un rouage de la « Fédération », s'occupant plus spécialement des questions commerciales.

M. Bonamy. — Le « Syndicat National » n'a empêché aucun groupement de travailler ; il avait un programme et a cherché à le réaliser, il a ainsi établi les cours des miels et a obtenu la collaboration d'importants négociants, etc...

M. Roche. — Nous désirons tous ici l'union intime et définitive de « tous » les apiculteurs de France. Il faut que cette « union » se réalise.

M. Authelin. — Je proteste avec énergie au nom des Membres de la Fédération Nationale, contre les paroles de M. Bonamy disant que cette dernière n'a rien réalisé au point de vue de la vente de nos produits.

M. Mothre. — Je fus l'instigateur de l'organisation du « Syndicat National d'Apiculture ». Aujourd'hui le Syndicat a vraiment fait œuvre utile, puisqu'il a réalisé l'union de l'apiculteur et du négociant.

M. Giraud. — Le Syndicat National d'Apiculture, créé récemment, a travaillé, mais le champ d'action est vaste.

Dans une série d'articles parus dans la presse apicole sous le titre « Unissons-nous », j'ai demandé à la « Fédération Nationale » née en 1881, d'agir, de grouper toutes les bonnes volontés.

Aux récents Congrès d'Angoulême et de Limoges l'union a été entrevue très proche. Il ne faut pas que ces efforts restent vains. Le « Syndicat » devrait être l'organisme commercial essentiel de la Fédération.

M. Bonamy. — J'attends des propositions de la Fédération Nationale.

M. le Président. — Le premier et le deuxième vœux formulés par M. Mamelle pourraient être réunis en un seul et dans la rédaction de celui-ci il y aurait lieu de constater les résultats favorables obtenus par la Caisse de propagande réalisée par le « Syndicat ».

Je propose et mets aux voix le vœu suivant :

« *Le Congrès, considérant les résultats favorables obtenus par le fonctionnement de la Caisse de propagande du « Syndicat National d'Apiculture », exprime le vœu que l'action de celui-ci soit intensifiée et qu'elle s'étende à toutes les régions de la France (Adopté).*

M. Poher. — Comme conclusion à la discussion qui précède nous proposerons le vœu suivant :

« *Le Congrès exprime le vœu que les grands groupements apicoles collaborent étroitement à l'intensification de la production, à l'organisation de la vente et au développement des débouchés des produits du rucher. Que les modalités de cette collaboration soient étudiées très prochainement dans un but d'intérêt général.*

Ce vœu mis aux voix est adopté ainsi que le troisième vœu du Rapporteur.

L'UTILISATION AGRICOLE
ET INDUSTRIELLE DES MIELS ET CIRES

Par M. COUALLIER,
Publiciste agricole.

Par M. COUALLIER,
Publiciste agricole.

MESDAMES, MESSIEURS,

Mon émotion est grande de prendre la parole devant une aussi docte assemblée, et mon autorité bien mince à côté de celle établie et reconnue des autres rapporteurs de ce « Premier Congrès National d'Apiculture commerciale ». Aussi avant d'aborder mon sujet, je me permettrai de remercier M. Poher, l'organisateur et pour ainsi dire l'âme de cette belle manifestation, d'avoir permis à une personnalité d'aussi peu de poids que la mienne de prendre part aux éminents travaux d'un tel aéropage.

Je sais un peu par expérience, ce qu'un long rapport peut amener de lassitude chez ses auditeurs ; aussi ai-je fait en sorte que le mien soit aussi court que possible pour lui éviter, tout au moins, le reproche d'avoir été soporifique.

J'ai cru bon de diviser mon sujet « Utilisation industrielle et agricole du miel et de la cire » en deux parties distinctes: utilisation du miel d'abord, et de la cire ensuite.

UTILISATION DU MIEL

Au naturel. — Mon intention n'est pas de vous donner sur l'emploi du miel une suite de recettes destinées à vous mettre l'eau à la bouche ou à faire naître en vous le désir de les expérimenter. Je ne m'étendrai pas non plus sur la valeur alimentaire du miel et sur sa composition chimique d'une richesse si merveilleuse, mais je prendrai le miel tel que vous et moi le connaissons et l'aimons.

C'est tel que nous le voyons figurer sur nos tables, tel qu'il sort, très pur, de l'extracteur, que sa consommation est la plus grande. Elle ne l'est pas encore assez à notre gré, ni à celui des apiculteurs producteurs. Le public français n'est pas gros mangeur de miel. Dans certains pays la consommation qu'on en fait au petit déjeuner du matin, au dessert, au goûter est bien plus importante. On a parlé d'éducation du public, mais je connais nombre de personnes qui n'aiment pas le miel et ne l'aimeront jamais. Cependant ces mêmes personnes goûtent fort bien des produits dans la fabrication desquels entre le miel qu'elles n'aiment pas. Ce sont les pains d'épices, les nougats, les caramels, divers bonbons et même des boissons, tel l'hydromel.

Pain d'épices. — L'industrie qui utilise le miel en plus grande quantité est certes celle du pain d'épices. Malheureusement comme dans tout produit il y a de bons pains d'épices et il y en a de mauvais. Il y en a chez lesquels le goût du miel est si vague, si lointain, qu'on se demande vraiment si dans leur confection il en est jamais entré une goutte. C'est peut-être ce qui fait le plus de tort à nos pains d'épices français et permettent aux pains d'épices belges par exemple de s'implanter sur notre marché. Je me permets d'en parler en connaissance de cause, et de me placer au point de vue du consommateur, parce que personnellement j'aime beaucoup le pain d'épices de quelqu'espèce qu'il soit, depuis le simple pavé jusqu'à la plus succulente des nonnettes.

En Belgique et en Hollande j'ai mangé du pain d'épices, même meil-

Fig. 28. — Un rayon à sections.

leur marché, et l'ai trouvé toujours de bon goût, mais je n'en ai jamais goûté de vraiment fin et délicat comme certains de nos pains d'épices français qui sont de vrais gâteaux. En France par contre, j'en ai trouvé de vraiment détestables, de ces pains d'épices qu'on vend aux baraques des foires, et qui vous laissent dans la bouche un goût de vieille croûte de pain, mais je me suis délecté aussi à des nonnettes au rhum inégalables.

Quant au pain d'épices du commerce « le pavé », de vente courante nous en avons de fort bon, et Reims aussi bien que Dijon, possèdent de vieilles maisons dont la réputation n'est plus à faire.

Pour me documenter parfaitement et vous donner un rapport des plus complets, j'aurais dû me rendre dans l'une de ces fabriques de pain d'épices et vous faire pénétrer le mystère de cette fabrication.

Hélas ! mes loisirs ne m'ont pas permis de remplir ce devoir. Mais comme on parle beaucoup de pain d'épices de ménage dans notre propagande en faveur du miel, je me suis permis de ce côté une petite enquête et même pour entrer dans le vif de mon sujet, j'ai tenté de faire moi-même du pain d'épices. J'ai interrogé bon nombre d'expertes ménagères, d'au-

cunes mêmes m'ont fait goûter leur produit... à vrai dire, c'était du pain
d'épices sans en être. Mais j'ai voulu me rendre compte par moi-même de
ce qu'il en est ; j'ai rassemblé maintes recettes plus excellentes les unes
que les autres, et qui abondent dans nos revues d'apiculture ; j'ai fait dans
les règles de l'art une pâte onctueuse, souple, travaillée jusqu'à bout de
souffle, légère et gonflée à souhait ; j'ai pris toutes mes précautions pour
que la cuisson se fasse à feu doux, j'ai attendu un temps qui m'a semblé
immémorial, et j'ai retiré du four... une espèce de galette... que j'ai mangée
parce que c'était moi qui l'avais faite, mais qui de pain d'épices n'avait
que le nom. Malgré tout, j'ai persévéré, j'ai fait mieux, j'ai même appro-
ché de la perfection... mais en rassemblant mes impressions personnelles
et les résultats de mon enquête, je suis arrivé à cette conclusion que le
pain d'épices et les gâteaux au miel de ménage ne seront jamais d'une
confection aussi courante et aussi facile que le gâteau « quatre quarts »
ou « la tarte à la crème ».

Demandons seulement à nos fabricants de pain d'épices français de
nous donner un bon produit, dans la confection duquel entre la plus grande
quantité possible de miel. Le pain d'épices est le gâteau sain par excellence,
le meilleur à donner à nos enfants.

Confiserie au miel. — Quant à l'emploi du miel en confiserie, il
n'est pas, paraît-il, très commode, et ce qu'il en entre dans la fabrication des
pastilles au miel, nougats, caramel, etc... est assez minime.

On est arrivé cependant à en incorporer jusqu'à 50 % dans une
sorte de truffe au chocolat qui est un bonbon délicieux, et qui fabriqué, par
un de nos principaux établissements d'apiculture, mériterait d'être connu
davantage et d'être plus répandu.

La confiserie n'offre pas un gros débouché à notre miel, même surfin.
Ce débouché pourrait-il être plus important? J'en doute, même si on inten-
sifiait la production de certaines spécialités à base de miel.

On a parlé de substituer le miel au sucre. C'est difficilement réalisable.
Au cours de la guerre et parce qu'il y avait disette de sucre, certaines personnes se sont résignées à sucrer leur café avec du miel, mais elles n'en
ont pas pris l'habitude et sont revenues bien vite au sucre, dès que celui-ci
a repris sa place sur notre marché. Non, le miel ne peut pas remplacer le
sucre. Qu'en tant qu'aliment il soit infiniment plus sain et meilleur à
l'estomac que le sucre, nous ne le discuterons pas, mais nous n'avons pas à
nous aventurer sur ce terrain et nous n'envisageons ici le miel qu'au point
de vue exclusivement commercial.

En nous plaçant donc à ce point de vue, le débouché le plus important
pour le miel nous paraît être dans la fabrication des pains d'épices. Je
n'entends pas seulement le pain d'épices dit « de santé » et de vente courante, mais je suis d'avis que nous devrions intensifier en France la fabrication des pains d'épices fins, nonnettes, petits pain d'épices fourrés aux
fruits, aux confitures, etc... et que ces produits en tant que spécialités
françaises, devraient même faire l'objet d'un certain trafic d'exporta-

tion, en particulier dans les pays anglo-saxons et scandinaves où l'on est fort gourmand de ces sortes de friandises.

Hydromels. — Il est une utilisation du miel peu répandue jusqu'à présent et qui gagnerait à être industrialisée, c'est de l'hydromel que je veux parler. Je suis ici devant un auditoire d'apiculteurs et je crois qu'il est inutile que je dise ce qu'est l'hydromel ; je suis persuadé que nombreux parmi vous sont ceux qui en ont goûté, en ont bu, même fabriqué et trouvent que c'est une boisson délicieuse. Cependant une des raisons primordiales pour lesquelles l'hydromel n'est pas plus répandu en France, c'est que nous sommes le pays du bon vin. Quoiqu'on dise, et quoiqu'on fasse, le meilleur hydromel n'égalera jamais le plus ordinaire de nos vins d'Anjou et de Touraine. Mais où il y aurait je crois quelque chose à faire, c'est dans la fabrication des hydromels liquoreux. J'en ai bu, qui valaient mieux que certains vins apéritifs qu'on nous sert dans les cafés ; ils avaient surtout l'avantage d'être beaucoup plus naturels et moins nocifs. Un hydromel dans lequel entrerait 40 à 45 % de miel, fabriqué consciencieusement, en grande quantité, avec des levures sélectionnées de Marsala, de Porto ou de Frontignan, lancé par une habile réclame, aurait de grandes chances de plaire aux consommateurs, de se vendre et de créer de la sorte un important débouché à nos miels.

Il est entendu que restant sur le terrain commercial, je n'envisage pas la production de l'hydromel familial : il est à souhaiter que nos familles prennent la peine de se fabriquer pour leur consommation personnelle un tonneau ou deux d'hydromel. J'ai dit « prennent la peine », car la fabrication de l'hydromel demande beaucoup de soins pour être réussie. Et puis avec quelle fierté, je dirai même avec quel mystère n'offre-t-on pas cette liqueur dont l'or magnifique éclate dans le cristal des verres et dont le renom s'entoure d'une atmosphère d'antiquité païenne et mythologique !

Eaux-de-vie. — Mais j'en arrive tout naturellement à parler de l'eau-de-vie de miel, qui plus exactement est de l'eau-de-vie d'hydromel.

Cette question de la distillation de l'eau-de-vie de miel, a suscité ces temps derniers un assez vif intérêt parmi nos apiculteurs.

Nous avons donc étudié d'assez près la question ; nous pouvons répondre que, d'après la loi, la distillation de l'hydromel est permise ; toutefois comme l'alcool qu'on en retire n'est pas classé parmi les alcools de consommation, le produit, en entier de cette distillation doit être obligatoirement vendu à l'État, pour usages industriels.

Il est inutile de dire que le prix d'achat de cet alcool pur au litre de 90 à 95° étant de 80 fr. l'hectolitre, la distillation de l'hydromel est une opération qui sort entièrement des limites du bon sens et on se demande comment ce prix de 80 fr. l'hectolitre peut encore figurer dans un texte régissant l'achat d'un alcool, alors qu'il ne correspond plus du tout au prix actuel de la main-d'œuvre pour la distillation.

De tous côtés les apiculteurs réclament non pas le privilège, mais tout simplement le droit de distiller de l'eau-de-vie de miel en payant les taxes afférentes à la distillation des eaux-de-vie de consommation. Car c'est là justement que se révèle l'erreur du législateur, l'eau-de-vie de miel est très fine, et nous sommes persuadés qu'elle serait d'un emploi recherché dans la confiserie par exemple, si elle ne l'est déjà, comme j'ai cru l'entendre dire.

Permettre aux apiculteurs de distiller leur miel, ce serait ouvrir un débouché nouveau à la production et en même temps faire rentrer de l'argent dans les caisses du Trésor.

Mais la distillation du miel serait-elle aussi rémunératrice pour l'apiculteur que la vente de sa récolte au naturel ? Nous ne le pensons pas, car les frais de distillation sont assez gros et à prix égal de celui des eaux-de-vie ordinaires de vin, de cidre ou de marc, nous estimons qu'il vendrait son miel à un prix inférieur. Mais il le vendrait et n'est-ce pas déjà beau, dans les années de bonne récolte où sévit la mévente ?

Je suis persuadé que la libre distillation de l'hydromel serait de la part du gouvernement un geste d'une portée considérable en faveur de l'apiculture. En effet, lorsque nos agriculteurs de l'Ouest ne trouvent, pas les années à pommes, à écouler tout leur cidre à un prix suffisamment élevé, que font-ils ? Ils distillent ! Mais l'apiculteur qui a récolté quelques centaines de kilogs de miel, et qui ne trouve pas à les vendre, que fait-il ? Il en mange un peu, en vend quelques kilogs, en donne à ses amis et le reste finissant par fermenter, il le jette. Si au contraire la distillation était permise, il trouverait à vendre son eau-de-vie à un prix, qui même peu élevé, lui rapporterait toujours quelque chose.

L'eau-de-vie de miel, si elle était plus répandue, trouverait acheteur et je n'en prendrai comme exemple qu'une foire-exposition apicole où un apiculteur qui avait obtenu de distiller de l'hydromel a trouvé acheteur pour tout ce qu'il avait à vendre.

Mais, direz-vous, on obtient donc l'autorisation de faire pour soi ou pour en vendre, de l'eau-de-vie de miel ? Sans doute, puisqu'il s'en vend, mais cette eau-de-vie doit provenir d'eau de lavage, et en tous cas cette autorisation n'est, je crois, accordée qu'exceptionnellement.

De toutes façons et puisque les droits perçus par la Régie pour la circulation des hydromels sont les mêmes que ceux perçus pour celle des cidres et poirés, je pense qu'il est de notre intérêt de demander aux Pouvoirs publics que l'eau-de-vie de miel soit classée comme eau-de-vie de consommation et que sa distillation soit régie par les mêmes décrets que celle du cidre et en général des boissons obtenues par la fermentation des fruits.

Vinaigre de miel. — Le vinaigre de miel pourrait également faire l'objet d'une industrie spéciale, si la transformation de l'hydromel en vinaigre était obtenue au moyen de ferments de bon vinaigre de vin.

Boissons diverses. — Quant aux besoins hygiéniques qu'on peut obtenir en faisant fermenter des fruits, pommes, poires, raisins, etc... avec de l'eau et du miel, elles rentrent dans le domaine, malgré tout intéressant de l'emploi du miel dans la famille. Dans certaines régions, les habitants des campagnes fabriquent de ces boissons pour l'usage journalier, mais il est difficile de le préconiser dans certaines de nos provinces où le vin et le cidre sont produits en assez grande quantité et constituent la boisson populaire par excellence.

J'ai dit tout à l'heure que je ne voulais pas faire d'incursion sur le domaine de la Faculté, cependant il me faut, pour terminer cette partie de mon rapport, parler de l'utilisation du miel en pharmacie, et en médecine vétérinaire.

En pharmacie. Le miel sert surtout à la préparation des mellites et oxymellites, en particulier du miel rosat, pour les affections, bronchites et maux de gorge. Mélangé au soufre, il est recommandé comme laxatif.

En médecine vétérinaire. — Il était autrefois largement employé comme excipient et pour la préparation des onguents (onguent ægyptiæ), mais l'industrialisation des produits vétérinaires a presque complètement aujourd'hui écarté l'emploi du miel.

Sans vouloir empiéter sur la question de la propagande en faveur du miel, je dirai que ce produit essentiellement sain devrait trouver dans les Membres de notre Faculté d'ardents propagandistes, et que ceux-ci devraient être les premiers à plaider la cause du miel, et à en recommander la consommation.

Mais j'allais oublier de parler d'une utilisation du miel qui pourrait bien devenir très intéressante pour l'écoulement du produit qui nous occupe. L'idée vient des Etats-Unis et elle consiste à mélanger du miel à l'eau des radiateurs d'automobiles pour l'empêcher de se congeler pendant l'hiver.

L'industrie automobile prend un développement énorme, or vous savez que par le temps froid et quand le thermomètre descend au-dessous de zéro, le plus élémentaire bon sens ordonne au propriétaire d'une automobile de vider son radiateur quand il ne se sert pas de sa voiture. Or, paraît-il, si l'eau dont il se sert contient une certaine proportion de miel, la température peut descendre à plusieurs degrés au-dessous de zéro, sans qu'il y ait à craindre de congélation.

Je sais que nos esprits de vieux civilisés ont un peu de mal à admettre qu'un produit qui figure sur notre table, et dont nous nous délectons puisse également servir au moteur de nos automobiles, mais si cet usage s'étendait, quel débouché important ne serait-ce pas pour le miel ?

UTILISATION DE LA CIRE

La cire d'abeilles est utilisée de tant de façons et en telles quantités que notre production nationale ne suffirait pas à assurer nos besoins. Heureusement nous possédons des colonies qui produisent de la cire, et nous en livrent des quantités importantes.

FIG. 29. — Obtention de la cire à la ferme.

Cliché *Vie à la campagne.*

Cirages, cires à parquets, encaustiques. — L'industrie qui fait la plus grande consommation de cire est certes celle des produits d'entretien, cirages, cire à parquets et encaustiques. Certaines cires végétales entrent, il est vrai, dans la composition de ces produits, mais malgré tout la cire d'abeilles en est la base, surtout pour ceux dont la qualité est une référence pour le consommateur. Malheureusement tous nos cirages ne sont pas de qualité supérieure ; il en est dans la composition desquels la cire d'abeilles entre pour une très petite part ; c'est peut-être ce qui permet aux cirages anglais, par exemple, et malgré le change défavorable pour la livre, de trouver un débouché en France.

Nos voisins d'Outre-Manche ont écoulé chez nous l'année dernière 657 tonnes de cirages. Ce chiffre représente la vente d'une quantité respectable de boites de cirage. Or, nous savons de source certaine que les fabricants anglais achètent en France une partie de leur cire qui leur est nécessaire. Le change leur facilitant ces achats, quoi d'étonnant que nous ayons vu au début de cette année les prix de la cire monter d'une façon sensible ?

Malgré tout, notre industrie des produits d'entretien consomme beaucoup de cire d'abeilles, et non seulement dans les cirages, mais dans les encaustiques pour meubles et pour parquets, enduits pour carrelage, etc... La cire est encore utilisée industriellement dans la fabrication des cierges et bougies, mais en bien moins grande quantité qu'autrefois, lorsqu'ils étaient entièrement faits de cire pure. Notre chimie moderne nous a donné des extraits de corps gras et des graisses minérales dont le pouvoir éclairant est beaucoup plus grand que celui de la cire.

En parfumerie. — Cependant la cire blanche et raffinée est encore employée, en particulier, dans la composition des cérats, cold-creams pommades de beauté et cosmétiques.

Dans la statuaire, nous signalerons l'emploi de la cire à modeler qui est de la cire pure d'abeilles à laquelle on a mélangé de la térébenthine de Venise pour lui conserver sa malléabilité.

La cire sert encore industriellement à de nombreuses préparations, mais en petite quantité.

A la ferme. — Elle est précieuse pour la ménagère et d'un emploi multiple. En agriculture, elle est utilisée principalement dans la fabrication des mastics à greffer.

En médecine vétérinaire. — On employait la cire autrefois dans la préparation des onguents de pieds pour les animaux, mais ces onguents sont fabriqués en gros aujourd'hui avec des vaselines, de qualité inférieure et autres produits moins chers que la cire d'abeilles.

En industrie apicole. — Mais il est une industrie qui a pris une certaine extension depuis ces dernières années, et consomme de la cire en quantités de plus en plus grandes, c'est celle de la cire gaufrée.

Devant les progrès de l'apiculture mobiliste, les besoins en cire gaufrée sont de plus en plus grands. Des machines venues d'Amérique nous ont permis d'intensifier le rendement qui devenait insuffisant avec les

Fig. 30. — Gaufrier à cylindre.

anciennes méthodes qui consistent à se servir de gaufriers à main ou d'obtenir sur une plaque de verre des feuilles de cire qu'on passe ensuite au laminoir.

Je sais, et l'idée nous vient d'Amérique qu'on tente de remplacer la fondation de cire par une autre en aluminium et que les abeilles acceptent celle-ci et y emmagasine du miel ; mais je pense qu'il est un peu présomptueux de vouloir contrarier l'instinct d'un insecte.

Mais ce n'est pas la place ici d'entrer dans des considérations apicoles qui sortent du cadre commercial de ce rapport.

J'ai passé rapidement en revue les différentes utilisations de la cire ; la conclusion que j'en tirerai, c'est que son utilisation est des plus complexes, et que, en ce qui nous concerne, nous aurions avantage à perfectionner l'outillage de fabrication de la cire gaufrée. Etant donné qu'il est difficile d'intensifier à la fois la production de la cire brute, et le développement de l'apiculture mobiliste, il ne doit pas être question de faire baisser le prix d'achat de la cire, mais de rechercher un outillage qui nous permette un meilleur rendement pour la fabrication de la cire gaufrée, et par conséquent diminue le prix de revient de ce produit indispensable à notre apiculture moderne.

Avant de terminer ce rapport, je voudrais dire un mot d'un produit de notre rucher qui n'est utilisé ni en industrie, ni en agriculture et qu'en général l'apiculteur laisse se perdre et jette, parce qu'il est plutôt gênant qu'autre chose : la propolis.

Propolis. — La propolis vous la connaissez tous, si vous avez ouvert une ruche, parce qu'elle vous a collé aux doigts. C'est une sorte de résine que les abeilles trouvent sur certaines plantes et qu'elles mélangent à un peu de cire, d'après ce que nous ont dit les chimistes qui ont étudié sa composition.

En Russie, avant la guerre, on la récoltait soigneusement et mélangée à l'huile de lin, elle servait à imperméabiliser et à vernir en même temps cette belle vaisselle de bois jaune, dont nous trouvons encore des spécimens dans nos magasins.

Il y a quelques années, et alors que je faisais de l'apiculture plutôt en amateur, j'ai connu un Australien dont le père était fabricant de produits chimiques. J'eus l'occasion de parler devant lui d'abeilles, et de citer la propolis, et il m'assura que dans l'exploitation paternelle, on se servait de ce produit pour la confection d'un vernis d'excellente qualité.

Un de nos apiculteurs les plus distingués, M. Perret-Maisonneuve nous a dit dernièrement dans son beau livre sur l'élevage des reines et dans différents articles de revues apicoles, quel parti on pouvait tirer de la cire que contient la propolis des abeilles, et que cette matière, au lieu d'être négligeable, devait être recueillie par les apiculteurs, et utilisée de façons très diverses, non seulement au rucher, mais encore de mille manières ingénieuses à la maison.

Un bon vieux curé de ma connaissance affirme que la propolis est infaillible pour la guérison des cors aux pieds. Je vous donne l'emploi pour ce qu'il ne vaut, ne l'ayant jamais expérimenté.

CONCLUSION

La conclusion que je dégagerai de cette étude sur l'utilisation des produits de nos ruchers, c'est qu'au point de vue industriel on devrait s'ingénier à faire entrer le miel dans une quantité plus grande de produits manufacturés, en particulier dans la pâtisserie, la confiserie, la fabrication de l'hydromel et des eaux-de-vie et qu'au point de vue commercial il y aurait lieu de faire mieux connaître toutes les ressources qu'offre le miel dans le ménage afin d'intensifier sa vente.

Et puis ne perdons jamais l'occasion de vanter les produits de nos ruchers qui sont une des richesses du patrimoine de la France.

Comme conclusion du rapport, je propose les vœux suivants :

PREMIER VŒU. — *Que nos fabricants de pains d'épices recherchent la qualité du produit et intensifient la fabrication des pains d'épices fins, comme celle d'une spécialité française, susceptible d'être exportée avec profit.*

DEUXIÈME VŒU. — *Que la question de l'utilisation du miel comme anticongélant, dans les radiateurs d'automobiles soit étudiée et mise au point en vue d'ouvrir un débouché nouveau à notre production apicole.*

M. Le Président. — Je mets aux voix les vœux proposés par le rapporteur *(Les deux vœux sont adoptés à l'unanimité).*

PRÉPARATION ET DISTILLATION DES HYDROMELS

Par M. Pique,
Chimiste.

La levure entraine avec elle au moment de sa prolifération un arome spécial qu'on appelle « Bouquet de Vins ».

Déjà en 1876, Pasteur avait écrit : « *Le goût, les qualités du vin dépendent certainement, pour une grande part, de la nature spéciale des levures qui se développent pendant la fermentation de la vendange.* »

Le 5 mars 1888, Jacquemin présentait un mémoire à l'Académie des Sciences sur le *Saccharomyces Ellipsoïdeus* (levure de Sauternes et de Barsac) accentuant le-bouquet des vins dans lesquels ces levures ont fermenté.

En novembre 1888, Louis Marx publiait, dans le *Moniteur de Quesneville*, une communication dans laquelle entrait la phrase suivante : « Suivant le genre de vin qu'on voudra obtenir, plus ou moins alcooleux, plus ou moins parfumé, on fera donc intervenir les levures spéciales. »

Rommier, en juin 1889, dans une note présentée à l'Académie des Sciences, donnait le moyen de communiquer le bouquet d'un vin de qualité à un vin commun par l'emploi d'une levure cultivée venant d'un grand cru.

C'est alors qu'en 1890, M. Kayser fit paraître dans les *Annales de l'Institut Pasteur* un mémoire très important sur les levures de cidre. Il était arrivé à isoler onze races parfaitement distinctes et capables d'imprimer chacune son action particulière sur le jus de pomme.

Pendant ce temps, Jacquemin publiait ses travaux sur le vin d'orge et installait un laboratoire de sélection et une usine pour la préparation industrielle de levures pures.

Viennent ensuite les travaux de Perraud, Robinet, Roy, Cherrier et de Baquet sur les vins et les cidres ; du Docteur Pequart sur les hydromels.

Quand on connaît tous ces travaux et que l'on sait ce qu'est l'eau miellée, il est aisé de conclure qu'on peut obtenir, par fermentation, trois types d'hydromels, faciles à réaliser :

> l'hydromel sec,
> l'hydromel liquoreux,
> l'hydromel champagne.

L'EAU MIELLÉE

L'hydromel n'est ni plus ni moins que de l'eau et du miel dont le sucre est transformé en alcool par des levures. C'est donc de la préparation de l'eau miellée que dépendront les qualités futures de la boisson.

Nous devons reprendre ici les travaux de Kayser et de Boullanger sur les ferments de l'hydromel. Ces Messieurs démontrent d'une façon péremptoire que l'eau miellée, si elle est faite avec du miel pur et de

Cliché *Vie à la campagne*

Fig. 31. — L'extraction du miel des opercules ; *A* le couloir à opercules.

l'eau servant à l'alimentation, est un liquide impropre à la fermentation. Du reste Gastine dans un compte-rendu à l'Académie des Sciences, a montré la pauvreté du miel en éléments minéraux et remplacé ces derniers par un mélange de sels différents proposant la dose de 5 grammes par litre.

En effet, si on fait l'analyse de l'eau miellée, on trouve, suivant le poids de miel mis en dissolution la même proportion de sucre que dans le moût de raisin, avec des traces de matières minérales et une acidité nulle.

Donc, comme on veut se rapprocher du vin, il est de toute évidence que nous devrons ajouter, dans l'eau miellée, les éléments du jus de raisin pour avoir une concordance complète.

Ces éléments sont en proportions différentes suivant le type de vin à obtenir ; mais il faut en tout cas, en plus ou moins grande proportion, ajouter de l'acide tartrique et des sels minéraux, que ce soit des sels Gastine ou des sels nourriciers Jacquemin, il en faut de 0, 6 à 5 gr. par litre suivant le degré alcoolique que l'on veut obtenir. Dans l'eau miellée, il manque aussi du tanin, ce dernier sera introduit sous forme de solution dans l'hydromel, après la fermentation.

Nous ne sommes pas de l'avis de MM. de Layens et Voirnot qui ne veulent pas stériliser l'eau miellée avant d'y mettre la levure, sous prétexte que l'ébullition détruit une grande partie des aromes et huiles essentielles du miel. Nous doutons que les huiles essentielles disparaissent à 100 degrés, température de l'ébullition, puisqu'elles ne distillent pas au-dessous de 115 degrés. Mais, à part la question des bouquets du miel, l'eau miellée renferme des particules de cire, des grains de pollen, quelquefois des débris d'abeilles et de couvain et quelques bactéries. L'ébullition, en présence d'acide tartrique, provoque une écume assez considérable qu'il faut enlever au fur et à mesure de sa production. Cette matière possède une odeur *sui-generis* qui se retrouve dans l'hydromel.

Nous ne sommes pas seul partisan de l'ébullition de l'eau miellée. Parmi les Anciens, Columelle lui-même, dans sa formule de prépation du vin de myrte dit : « Faites jeter trois bouillons à du miel d'Attique et écumez-le autant de fois, car moins il est bon, plus il produit d'ordures (1). »

Donc, les Anciens avaient déjà remarqué que le miel laisse un dépôt. Pourquoi ne ferions-nous pas de même, comme le recommande Rigaux ; car, en plus de la pasteurisation du liquide, de l'évacuation de certaines matières odoriférantes, n'avons-nous pas de 3 à 7 % de saccharose à invertir. Rien que cette question suffit pour affirmer la nécessité de faire subir l'ébullition à l'eau miellée devant servir à préparer une boisson.

Si on ne possède pas de récipient en cuivre ou fer émaillé de volume assez grand, on fera bouillir toute la dose de miel, d'acide et de sels nourriciers dans un volume d'eau très réduit. Après ébullition, on complétera le volume total par de l'eau pure.

LE MELLIMUSTIMÈTRE

Pasteur a démontré que 1 kg. 750 de sucre de canne dissout dans l'eau en proportion telle que le mélange donne 100 litres de liquide, assurait, après fermentation, 100 litres de liquide titrant 1 degré d'alcool.

Comme nous l'avons vu par différentes analyses, le miel renferme en moyenne 80 % de matières réductrices qui ne sont pas exclusivement du sucre, car il y a aussi des dextrines et des gommes qui ne fermentent pas. Aussi, avec un de nos amis, avons-nous recherché un densimètre capable de donner spécialement le rapport entre la densité du moût de miel, le degré alcoolique produit après fermentation et la quantité de miel à faire entrer dans le mélange.

Nous avons constaté qu'il faut en pratique 2 kg. 420 de miel, pour

(1) Paul Claquesin (*Histoire de la Communauté des Distillateurs*).

obtenir le « degré hectolitre » d'un mélange d'eau et de miel. Ce chiffre n'est pas conforme aux indications données théoriquement par le calcul ; mais nous pouvons assurer qu'il est le résultat de nombreuses et méticuleuses expériences faites avec des moûts de miel pur soumis à une fermentation normale. Si bien que ce chiffre de 2 kg. 420 est la base de la graduation de notre appareil. Grâce à lui, nous avons toujours obtenu des hydromels se rapprochant très sensiblement du degré d'alcool désiré.

Donc, partant de ce chiffre, il est facile de se rendre compte que, si la dose de miel mis en œuvre permet que la fermentation soit complète, on obtient un hydromel sec. Par contre, la fermentation ordinaire ne produisant pas facilement plus de 12 ou 13 % d'alcool, on obtiendra des hydromels liquoreux comme des vins de liqueur, d'où production de 2 qualités d'hydromels comme nous le dirons plus loin. Grâce au bouquet des levures et à leur emploi, la variabilité des qualités d'hydromels peut s'étendre.

Voyons maintenant les divers procédés préconisés par les différents auteurs qui ont écrit sur l'hydromel.

OBTENTION DES HYDROMELS

Procédé Godon. — Dans un fût de 550 litres, Godon écrase de 25 à 30 kg. de raisins frais ; puis il fait fondre du miel dans l'eau à raison de 400 gr. par litre pour avoir un hydromel titrant de 16 à 17 degrés d'alcool ou de 220 à 230 gr. pour l'avoir à 10 ou 12 degrés. Le tout est versé sur le jus de raisin de façon à obtenir un total de 500 litres environ. Le lendemain matin, le marc de raisin est monté à la surface du liquide. — Il verse alors 50 litres d'eau pour compléter le fût qu'il recouvre d'un linge bien propre. Matin et soir, pendant la fermentation tumulteuse, il foule, le marc avec un pilon ; puis, lorsque la fermentation se termine, il se contente de tirer, une fois par jour, une trentaine de litres d'hydromel, par le bas, qu'il verse sur le chapeau. Dès que la fermentation est terminée, l'hydromel est soutiré et subit les mêmes manipulations que dans le procédé Jacquemin.

Procédé Guyot. — Pour préparer l'hydromel sec, Guyot emploie 130 livres de miel, 150 litres d'eau, 1 kg. de sels nourriciers Gastine et 200 gr. de levures de Sauternes. Pour des hydromels légers, il prend 5 livres de miel, 15 litres d'eau, un peu d'acide tartrique ; il obtient ainsi une boisson titrant 5 degrés d'alcool. En augmentant les proportions de miel d'une livre par 15 litres d'eau, le titre alcoolique de la boisson s'élève de 1 degré jusqu'à 13 livres, poids au-dessus duquel le miel ne se transforme plus dans la liqueur.

Procédé Layens. — D'après Layens pour avoir un vin ressemblant à ceux d'Espagne et du Rhin, il suffit de mettre dans un tonneau 1/4 en volume de miel pour 3/4 d'eau et d'ajouter par 100 kg. de ce mélange 50 gr. de pollen frais, 50 gr. d'acide tartrique et 10 gr. de sous-nitrate de bismuth dont la proportion est invariable, quel que soit le volume du tonneau dans lequel se fera la fermentation.

L'abbé Voirnot conseille l'emploi de 2 kg. 250 de miel pour obtenir le « degré hectolitre ». Il ajoute des sels Gastine, de l'acide tartrique, ne fait pas bouillir son liquide et l'ensemence d'un levain préparé avec 1 litre de moût de raisins secs et même de jus d'autres fruits. Il conseille aussi l'emploi de levure de vin qu'on trouve dans le commerce.

Graftiau emploie 2 kg. 080 de miel pour obtenir le « degré hectolitre », ajoute de l'acide tartrique et des sels nourriciers de l'Institut La Claire. Il stérilise le tout et ensemence avec une levure de vin.

Nous ne pouvons donner ici toutes les formules proposées par les apiculteurs, mais celles que nous venons de citer suffisent à faire remarquer les différences de préparation conseillées.

Nous terminerons cependant cette étude en indiquant le procédé Jacquemin.

Cet auteur recommande la préparation d'un levain avec des levures sélectionnées et emploie 30 kg. de miel par hecto, 60 gr. d'acide tartrique et 60 gr. de sels nourriciers La Claire. Il stérilise, écume le liquide et ensemence vers 25 degrés avec le levain préparé.

Hydromels de marque. — Nous avons repris les travaux de Jacquemin et avons remarqué que le bouquet de certaines levures se propageait d'autant mieux dans la boisson que le degré alcoolique de cette dernière se rapprochait sensiblement de celui du vin d'où la levure provenait. C'est ainsi que nous avons été amené à produire deux types d'hydromels : l'hydromel sec avec l'emploi de levure Chablis et l'hydromel liquoreux avec la levure Sauternes. Si on emploie les levures de Champagne, de Verzenay ou d'Ay, on peut obtenir facilement de l'hydromel mousseux et comme pour ce dernier, nous entrerons plus loin dans tous les détails, nous ne donnerons ici que les formules de préparation des hydromels secs et liquoreux, le mode opératoire étant le même, sauf, le levain qui sera préparé avec une levure différente et le moût avec une acidité et une dose de miel variables.

Préparation du levain. — Trois jours avant de faire en grand le moût de miel, il faut préparer un levain. Pour cela, on fait bouillir pendant 1/4 d'heure, 2 kg. de miel dissous dans 10 litres d'eau ; on ajoute 20 grammes d'acide tartrique et 20 grammes de sels nourriciers La Claire ; on écume et on laisse refroidir. Lorsque la température est descendue vers 30 degrés, on verse le liquide dans une bonbonne bien propre, on ajoute 1 kg. de levure de vin : Chablis, Sauternes ou Verzenay, suivant l'hydromel que l'on veut obtenir, on maintient la bonbonne au chaud, et 3 jours après le levain peut être employé.

Si on n'a pas de miel disponible pour faire le levain, on le remplace par 1 kg. de sucre cristallisé ; on fait subir la même opération que celle indiquée plus haut. La bonbonne doit être bouchée par un tampon de coton bien propre et non par un bouchon.

Hydromel Chablis. — A notre avis, l'hydromel Chablis ne doit pas titrer plus de 10 ou 11 degrés d'alcool. Dans ces conditions la quantité de miel à employer variera entre 24 kgr. 200 ou 26 kgr. 600 pour faire 1 hectolitre du mélange eau et miel. On ajoutera 100 gr. d'acide tartrique et 100 gr. de sels nourriciers ; on fera bouillir, on écumera comme nous l'avons dit, on laissera refroidir et on versera dans un fût bien propre ; après quoi on ajoutera le levain ; 24 heures après, l'hydromel est en pleine fermentation.

Hydromel liquoreux. — On sait que vers 13 degrés d'alcool, le liquide devient assez antiseptique pour arrêter l'évolution des ferments, et que, comme on l'observe dans les vins du Sauternois, tout le sucre qui se trouve dans la boisson dépassant celui nécessaire pour obtenir les 13 degrés d'alcool et qui n'est pas transformé, se retrouve à l'état libre donnant un vin liquoreux.

Pour l'hydromel, nous n'avons qu'à mettre la dose de miel voulue et nous aurons de l'alcool et du sucre dans la boisson.

Comme nous voulons nous rapprocher du Sauternes, voyons son analyse. Il a en moyenne 12 degrés 5 d'alcool et 30 à 50 gr. de sucre non fermenté par litre. En nous basant sur ces chiffres, nous voyons qu'il faudra : 2 kgr. 420 $\times$ 13 degrés = 31 kgr. 460 de miel plus 50 gr. $\times$ 100 litres = 5 kgr. de sucre correspondant à 6 kgr. 250 de miel, ce qui donne en chiffres ronds 38 kgr. de miel que l'on peut porter à 40 kgr., si on veut un peu plus de sucre restant au litre.

L'acidité de l'hydromel Sauternes doit être un peu plus élevée que l'hydromel Chablis, par suite la dose d'acide tartrique doit être portée à 120 gr. par hectolitre. Il en est de même pour les sels nourriciers, la fermentation devenant de plus en plus difficile, au fur et à mesure que le degré alcool augmente, on doit pousser la teneur en sels minéraux à 200 gr. par hectolitre. On procède comme nous l'avons dit pour l'hydromel Chablis et on ensemence avec le levain préparé à la levure de Sauternes.

Quelquefois la fermentation languit, bien que l'hydromel soit encore très sucré. Il est utile alors d'agiter fortement le liquide afin de remettre en suspension dans la masse, les levures qui sont tombées sur les lies. Deux moyens peuvent être employés pour arriver à ce résultat. Le premier est le meilleur procédé ; il consiste à bondonner le fût et à le faire rouler pendant quelques minutes, puis, lorsqu'il est campé à nouveau sur son chantier, il faut le débondonner de suite pour permettre à l'acide carbonique de s'échapper. Le deuxième procédé consiste à fouetter le liquide en tous sens à l'aide d'un bâton bien propre qu'on introduit dans le fût par le trou de bonde ; le bâton doit être lavé à l'eau bouillante juste avant de s'en servir, sans cette précaution, on risquerait d'introduire dans l'hydromel de mauvais ferments. Ce brassage de la masse doit être répété tous les deux jours, si on veut gagner du temps sur la fermentation.

Voyons maintenant l'hydromel mousseux.

Hydromel mousseux. — Nous croyons intéresser les apiculteurs en leur donnant une méthode simple qui leur permettra d'obtenir chez eux un vin semblable au champagne.

Au premier abord, cette préparation semble très compliquée et peut effrayer ceux qui voudraient l'entreprendre ; aussi nous nous hâtons d'ajouter que, toujours, même pour un débutant, les résultats dépassent les espérances.

Afin de vous faire bien comprendre, nous allons décomposer le travail en différentes parties que nous expliquerons séparément.

La champagnisation de l'hydromel comprend :

1° la préparation du moût,
2° la fermentation,
3° la préparation pour la prise de mousse,
4° la prise de mousse,
5° la liqueur d'expédition,
6° le dégorgement.

Préparation du moût. — Un hydromel devant être champagnisé doit titrer après fermentation au maximum 12 degrés d'alcool, être franc de goût, et avoir une acidité suffisante et nécessaire pour la prise de mousse. Or, nous savons qu'il faut, en moyenne 2 kg. 420 de miel pur pour obtenir un degré d'alcool par hectolitre ; donc en supposant que nous voulions 1 hectolitre d'hydromel titrant 11 degrés d'alcool, nous prendrons 2 kg. 420 × 11 = 26 kg. 620 de miel.

Les vins de champagne ayant une acidité qui varie de 5 à 7 gr. par litre, nous ferons donc bouillir pendant 10 minutes notre miel avec 600 gr. d'acide tartrique, 200 gr. de sels nourriciers La Claire, dans la chaudière dont on dispose.

Soins à donner aux hydromels après la fermentation. — Dès que la fermentation est terminée, on doit faire un premier soutirage de façon à se débarrasser des grosses lies qui peuvent donner un mauvais arome à l'hydromel. Un mois après le premier soutirage, on ajoutera 10 gr. de tanin pur dissous, dans un peu de bonne eau-de-vie. Le tanin a pour but de précipiter les matières albuminoïdes qui se trouvent en suspension dans l'hydromel et de corser le bouquet.

Dans le cas où l'hydromel ne serait pas parfaitement limpide, on le collera avec un blanc d'œuf ; un peu de colle de poisson, ou mieux avec de la colle liquide spéciale toute préparée que l'on trouve dans le commerce. Lorsque l'hydromel est absolument clair et limpide, il peut être mis en bouteilles et subir la prise de mousse.

Préparation pour la prise de mousse. — On sait que la mousse doit être produite par une certaine quantité d'acide carbonique obtenue par une fermentation en bouteille.

Cette fermentation doit se faire suivant des règles dont voici le résumé : Pour que la mousse soit belle, il faut former une certaine proportion d'acide carbonique ; mais en faisant cet acide on provoque de la pression dans les bouteilles. Or, à la suite des travaux de certains spécialistes champenois, on est arrivé à prouver qu'il fallait 4 gr. de sucre pour avoir, après fermentation en vase clos, une pression de une atmosphère et que les bouteilles pouvaient résister à 4, 5 et même 6 atmosphères.

Donc, en prenant une pression moyenne de 5 atmosphères par bouteille, nous sommes obligés d'incorporer $4 \times 5 = 20$ gr. de sucre par bouteille.

Voici comment se fait cette opération : supposons que nous voulions champagniser 50 bouteilles d'hydromel, nous aurons donc à peser 20 gr. de sucre $\times$ par 50 bouteilles $= 1.000$ gr. de sucre.

Ces 1.000 gr. sont fondus avec la quantité d'eau la plus réduite possible dans laquelle on ajoute 2 gr. d'acide citrique. On fait bouillir pendant 10 minutes, on laisse refroidir et on complète à 2 litres avec du vieux vin blanc ou du vieil hydromel. On filtre le tout afin d'avoir un liquide très clair. On a préparé ainsi une liqueur dont 40 centimètres cubes renferment 20 gr. de sucre.

Après avoir bien nettoyé et rincé les cinquante bouteilles, on verse dans chacune d'elles 40 cc de la liqueur qu'on vient de préparer, on remplit les bouteilles avec de l'hydromel qui est en fût en laissant 10 cc. de vide pour la levure.

Deux ou trois jours avant la mise en bouteilles, on a eu soin de commander 1/2 dose de multilevures Verzenay ; 10 cc. de cette levure seront versés dans chaque bouteille de façon à la compléter jusqu'à hauteur de trois doigts du goulot.

On bouchera avec de bons bouchons neufs que l'on ficellera fortement. Ainsi préparées, les bouteilles sont prêtes pour la prise de mousse.

Prise de mousse. — La levure jeune, en présence de nos 20 gr. de sucre, va provoquer une nouvelle fermentation qui sera terminée au bout de 3 mois environ, si la température de la cave ne tombe pas plus bas que 12 degrés.

Pendant que s'accomplit ce travail intérieur, les bouteilles doivent rester couchées. Il est bon de les mettre à côté l'une de l'autre, séparées par un bouchon et non en tas, car il peut se produire une explosion. Lorsque l'hydromel s'est complètement éclairci, on remue fortement la bouteille de façon à mettre en suspension tout le dépôt qui se trouve sur les parois, puis on la met sur pointe dans des bancs percés de trous où chaque bouteille s'engage jusqu'à l'épaulement.

On laisse reposer 8 à 10 jours, puis lorsque toute la lie commence à tomber vers le bouchon, on remue journellement d'un huitième de tour, puis d'un 1/4 de tour et enfin d'un tour complet jusqu'à ce que l'hydromel soit parfaitement limpide et que tout le dépôt forme comme une boule contre le bouchon de la bouteille. A ce moment on préparera la liqueur d'expédition.

Liqueur d'expédition. — Suivant qu'on veut obtenir un champagne sec ou 1/2 sec, la liqueur d'expédition change. Aussi, ne pouvant donner toutes les formules de cette liqueur, nous allons nous contenter d'indiquer celle qui est généralement employée en Champagne pour les vins vendus en France.

Comme notre base d'opération est de 50 bouteilles, il faut prendre 4 kg. de sucre candi de canne à sucre qu'on fait fondre à froid dans 3 litres de vieux vin blanc sec. Lorsque le sucre est parfaitement fondu, on ajoute 1 litre 1/2 de cognac fine champagne. On filtre, puis on laisse au repos pendant 1 mois avant d'opérer le dégorgement.

Dégorgement. — En champagnisation, on nomme dégorgement l'opération qui consiste à extraire de la bouteille le dépôt qu'on a amené contre le bouchon.

Le travail demande une certaine pratique et beaucoup de soins. Pour un apiculteur, ce travail est très minutieux. On commence d'abord par préparer sur une table les bouchons de champagne et les muselets. Puis, lorsqu'on a tous les accessoires à la portée de la main, on se place devant un baquet bien propre, on prend une bouteille de la main gauche par le fond, la tête en bas, on la place presque horizontalement contre la hanche gauche. On coupe les ficelles qui retiennent les bouchons, puis, au moment où il y a explosion, on relève vivement la bouteille de façon que seul le dépôt s'échappe. On bouche provisoirement la bouteille, le plus vite possible, avec un bouchon assez long qui essuiera la paroi intérieure du goulot, sur laquelle il peut rester des traces de levure.

Lorsque toutes les bouteilles sont dégorgées et parfaitement limpides, on ajoute 130 cc. de la liqueur d'expédition dans chacune d'elles, puis on les bouche définitivement avec des bouchons de champagne et des muselets. La liqueur ne doit pas être versée brutalement dans les bouteilles. Il faut au contraire, procéder tout doucement à l'aide d'un entonnoir en verre dont le bec est incliné vers les parois de la bouteille ; on fait couler lentement la liqueur dans le liquide.

Lorsque le muselet est mis, on secoue la bouteille fortement, de façon à rendre le liquide bien homogène, puis on la lave extérieurement avec une éponge pour éviter les moisissures sur le bouchon.

Un mois après, on peut coller les étiquettes, faire la dernière toilette des bouteilles et les livrer à la consommation.

En suivant exactement ces données, nous certifions que les apiculteurs soigneux peuvent obtenir un hydromel mousseux de toute première qualité.

Si l'apiculteur possède un peu de vignes, ou des pommiers, il peut très bien faire des vins de miel ou cidre au miel à volonté.

Pour faire du Frontignan, par exemple, il n'aura qu'à ajouter à son hydromel Sauternes 20 litres de jus de raisin stérilisé par une ébullition d'un 1/4 d'heure.

Nous sortirions du cadre de notre travail, si nous voulions énumérer tous les hydromels que l'on peut préparer avec des fruits ; l'exemple que nous avons donné plus haut peut guider les préparateurs d'hydromel et les conduire à l'obtention de boissons diverses très variées comme couleur et bouquet.

DISTILLATION DES HYDROMELS

Comme toute boisson fermentée, l'hydromel, par distillation peut donner de l'acool. Chaque degré alcoolique doit donner 2 litres d'eau-de-vie à 50 degrés.

Pour obtenir une eau-de-vie de toute première qualité, il ne faut distiller que des vins faibles en alcool ne titrant au plus que 10 degrés. La quantité de miel entrant dans la composition est environ de 18 à 20 kg. par hectolitre d'eau ; il est bon aussi de porter à 250 gr. la proportion d'acide tartrique et à 150 gr. les sels nourriciers. Quant aux levures à employer, on peut prendre une levure alcoolisatrice pour avoir un fort rendement sans bouquet ou la levure Folle Blanche de Cognac, si on veut avoir après distillation, une eau-de-vie à fin bouquet rappelant celui des fines champagnes.

Quelques apiculteurs, afin de donner un bouquet tout à fait spécial à leur alcool, font macérer dans le liquide, avant de le soumettre à la distillation des fruits à noyau, des marcs de raisin et de pomme, des baies de genièvre, etc...

Quelquefois au lieu d'employer du miel de première qualité pour préparer de l'eau-de-vie, on peut se servir des miels inférieurs et surtout des eaux de lavage des ruches, des extracteurs, etc... Cette eau sucrée est tout indiquée pour la préparation d'un alcool.

VINAIGRE D'HYDROMEL

Grâce au miel transformé en hydromel, on peut faire un vinaigre de toute première qualité. Il faut d'abord commencer par préparer un hydromel Chablis ne titrant pas plus de 8 degrés d'alcool, le soigner comme il a été dit pour l'hydromel champagne et quand le liquide est bien cristallin, on peut l'acétifier.

Deux méthodes se proposent : 1° l'acétification spontanée ; 2° l'acétification rationnelle par emploi d'un ferment acétique. Pour la préparation industrielle des vinaigres, se reporter aux ouvrages traitant de la question.

Ce que nous conseillons surtout, c'est la préparation ménagère du vinaigre par emploi de ferment acétique.

Pour cela, on monte sur tourillon un petit fût de chêne ou de châtaignier, d'une contenance de 25 à 30 litres. Chaque fond est muni d'un robinet de bois. L'intérieur du fût a été complètement nettoyé, remis à neuf et rempli de copeaux de hêtre.

Avant la mise en route, il faut viner le récipient en y versant 3 à 5 litres de bon vinaigre bouillant. On ferme les 2 robinets et on fait tourner le fût de façon à bien imbiber les copeaux. Au bout de 24 heures on enlève le vinaigre et on verse la fiole de culture pure de ferment acétique sur les copeaux (le ferment se trouve dans le commerce). On fait tourner l'appareil de façon que la dite culture se répartisse bien, puis on verse de 6 à 10 litres l'hydromel à 8 degrés d'alcool.

- L'appareil est maintenu à une température variant entre 25 et 30 degrés et si on a soin de faire tourner l'appareil deux ou trois fois par jour sur son axe, on peut être certain d'avoir un levain acétique assez fort pour recevoir une nouvelle dose de 10 litres d'hydromel. Le vinaigre sera bon 8 jours plus tard et à chaque prise, on versera le volume égal d'hydromel.

Si on veut préparer du vinaigre d'hydromel en plus grand, on peut se baser sur le même principe indiqué plus haut et qui n'est en somme qu'une modification du procédé Michaelis.

Un foudre de 600 litres est partagé horizontalement en deux parties inégales par une cloison en bois percée de petits trous de 2 mm. de diamètre. La partie la plus étroite doit être du côté de la bonde et remplie de copeaux de hêtre. Au centre d'un des fonds, on perce un trou de 4 centimètres de diamètre ; puis dans les copeaux on introduit un thermomètre restant à demeure et un niveau dans la partie qui recevra le liquide ainsi qu'un robinet de bois pour la vidange. Le tout est mis sur quatre galets qui permettent de faire tourner le foudre sur son axe. Ainsi monté, l'appareil est prêt à fonctionner.

On commence par le traiter avec du vinaigre très chaud qui s'empare des principes colorants des tanins du bois et des copeaux. Il faut de 15 à 20 litres de vinaigre. On laisse en présence pendant 24 heures en faisant 2 tours par jour. On vidange et on verse les 10 litres de culture dans le fût auquel on ajoute 50 litres de liquide à acétifier, 24 heures après, on ajoute encore 50 litres de liquide, on opère ainsi de 24 h. en 24 h. jusqu'à ce que le volume du liquide à acétifier ne dépasse pas 260 litres. Les rotations varient de 2 à 5 par 24 heures.

Il est entendu que lors de la rotation, on ferme la bonde et on ne l'ouvre que lorsque les copeaux de hêtre se trouvent dans la partie supérieure du foudre.

Chaque 56 heures, on peut retirer 160 litres de vinaigre, si la température a été maintenue entre 25 et 30 degrés. On verse alors 160 litres de liquide à acétifier et ainsi de suite.

Chaque mois, il est bon de renouveler le levain acétique, afin d'éviter les contaminations.

Il nous semble intéressant de terminer cette communication en indiquant une remarque de M. Frotsch.

« Comme une vinaigrerie de cidre ne fonctionne généralement que 6 à 8 mois, on devra veiller à ne pas laisser se détériorer les copeaux des générateurs pendant la période de chômage. A cet effet, pendant les 4 à 5 jours derniers de la fabrication, on ferme les trous de tirage et on les bute ; on serre alors les cercles et on alcoolise le contenu des cuves jusqu'à ce que le liquide qui s'écoule des générateurs contienne 4 à 5 % d'alcool.

Ensuite, sur le faux fond supérieur, préalablement nettoyé on fixe du papier paraffiné et on coule par dessus une couche de 5 centimètres de stéarine fondue, de manière à intercepter l'accès de l'air. En outre, on injecte pendant 20 minutes des vapeurs d'acide sulfureux par un des trous de tirage, une seule fois dans le premier mois et 2 fois dans les 4ᵉ, 5ᵉ, et 6ᵉ mois.

On évite ainsi la décomposition des matières pectiques et les copeaux des générateurs ainsi traités se conserveront très bien, ces derniers pouvant être remis en fonctionnement normal en quelques jours. Il faut soutirer les vinaigres alors qu'ils renferment encore 1 degré d'alcool, car l'acétification se poursuit encore après soutirage et mise en bouteilles tant qu'il y a contact d'oxydation de la bactérie.

Le mieux est de sulfiter les vinaigres au moment du soutirage. 2 à 3 gr. d'acide sulfureux libre suffisent à arrêter l'activité du ferment acétique. Il convient d'employer pour cette opération, un litre de bio-sulfite Jacquemin par 60 hectos de vinaigre. Ce liquide titré est prêt à employer et ne nécessite aucun appareil de dosage.

M. le Président. — Les Membres du Congrès seront d'accord pour féliciter le Rapporteur des précieuses indications qu'il vient de nous donner sur la préparation des hydromels.

Quelqu'un demande-t-il la parole ?

M. l'Abbé Eck. — En ce qui concerne la distillation des hydromels, en Alsace-Lorraine, en année de forte récolte les apiculteurs distillent leurs hydromels, après autorisation de l'Administration. L'apiculteur alsacien-lorrain trouve un écoulement facile de ses alcools.

M. le Président. — La loi sur la distillation des hydromels parait être interprétée de différentes façons dans plusieurs régions. Il y aurait lieu de demander des précisions.

De plus l'alcool d'hydromel doit être classé comme alcool de bouche.

M. Mamelle. — Les apiculteurs devraient bénéficier des avantages accordés aux bouilleurs de crus. Je me permets de déposer un vœu dans ce sens.

M. Pique. — Au sujet de la distillation des hydromels et de la classification de l'alcool obtenu, des précisions ne tarderont pas à être données officiellement à ce sujet, car la Chambre est saisie actuellement d'un projet favorable aux apiculteurs.

M. le Président. — Je mets aux voix le vœu proposé par M. Mamelle

« *Que les apiculteurs bénéficient pour la distillation des hydromels de la loi appliquée aux bouilleurs de crus* ».

Le vœu est adopté.

LES FRAUDES ET LEURS REPERCUSSIONS SUR LE COMMERCE DES PRODUITS DE L'APICULTURE

Par M. CAILLAS,

Ingénieur Agricole.

I. LES MIELS ET CIRES ARTIFICIELS :

Le miel et la cire, produits naturels de la ruche, ont été de la part des fraudeurs l'objet de très nombreuses et importantes adultérations.

La composition de ces deux substances est extrêmement complexe et leur analyse toujours difficile. Les commerçants malhonnêtes avaient donc pour ainsi dire le champ libre devant eux pour introduire dans le commerce, soit des produits entièrement fabriqués dans leurs usines, soit au contraire des miels ou des cires additionnés de matières étrangères.

Jusqu'à ces dernières années, la chimie est restée à peu près impuissante et souvent désarmée devant ces tentatives malhonnêtes. Il faut dire pour son excuse, que les matières employées pour fabriquer des produits artificiels ou pour falsifier des produits naturels possèdent des propriétés physiques et chimiques très voisines du miel pur et de la cire pure.

La tâche était donc ardue et malaisée.

Après des études longues et minutieuses, des chimistes sont arrivés cependant à mettre au point des méthodes précises permettant à l'heure actuelle de déceler, sans erreur appréciable les produits falsifiés. Nous n'entrerons pas ici dans la technique employée pour arriver à ce résultat. Cela sortirait du cadre de cette étude. Nous nous bornerons simplement à indiquer pour le miel et pour la cire quelles sont les substances le plus communément utilisées dans l'industrie de la fraude des produits apicoles.

a) **Miels.** — Le sucre interverti obtenu chimiquement en soumettant le sucre ordinaire ou saccharose à l'action d'un acide, à température peu élevée est pour ainsi dire la seule matière actuellement employée par les fraudeurs. On arrive à produire le sucre interverti relativement à bon compte. Sa composition chimique se rapproche beaucoup de celle du miel naturel. Il y manque bien entendu un certain nombre de constituants accessoires, ou considérés comme tels, et notamment l'acide formique, les phosphates de chaux et de fer, ainsi que les vitamines, de même que la diastase invertine. L'absence de ces matières constitutives pourrait donc caractériser un miel artificiel, mais le résultat ne serait pas aussi probant, s'il s'agissait d'un mélange.

Le chimiste est donc obligé de chercher autre chose. Indépendamment de la teneur anormale en glucose et lévulose, on a heureusement pu constater que la réaction chimique dédoublant le saccharose primitif $C^{12}H^{22}O^{11}$ en deux sucres isomères $C^6H^{12}O^6$, s'accompagnait d'une réaction accessoire donnant un dérivé furfurolique, très facile à caractériser par la méthode dite de *Fiche*, chimiste allemand, méthode depuis reprise, modifiée et améliorée par certains de nos chimistes français.

Fig. 32. — Analyse du miel.

Cette réaction est basée sur l'apparition d'une couleur rouge vif lorsqu'on met en présence l'extrait éthéré d'un miel contenant du sucre interverti, et une solution convenablement préparée de résorcine dans l'acide chlorhydrique. Des règles précises permettent d'apprécier l'importance de la falsification d'après la rapidité de l'apparition de la couleur et de son intensité.

Qu'il nous suffise de dire que la réaction de Fiche modifiée est maintenant parfaitement au point et que, appliquée par un chimiste de métier possédant une pratique suffisante, elle donne toujours des résultats nets, précis, ne pouvant être discutés.

Le glucose industriel est aussi employé pour falsifier le miel. Il se pourrait, étant donné le prix élevé atteint par le sucre et par voie de conséquence le prix de revient du sucre interverti, que les fraudeurs se rabattent sur le sirop « cristal », fabriqué à bon compte par l'industrie chimique.

Dans ce dernier cas, la fraude serait beaucoup plus facile à déceler, car le glucose industriel contient toujours des proportions importantes de dextrines, qui ne peuvent échapper à un examen même sommaire d'un chimiste non spécialisé.

Il n'existe pas, à notre connaissance d'autre fraude réellement industrielle. A un certain moment, des apiculteurs peu scrupuleux nourrissaient intensivement leurs abeilles avec du sirop de sucre pour le leur faire emmagasiner dans leurs rayons. Ce procédé, qui serait ruineux à l'heure actuelle, à cause du prix élevé du sucre, constitue lui aussi une fraude ou tout au moins une tromperie sur la qualité de la marchandise vendue. Une analyse sérieuse permet également de déceler cette falsification.

Cires. — La nature est extrêmement riche en cires de toutes sortes. Le règne minéral, le règne végétal et le règne animal produisent des matières grasses d'une nature spéciale, dénommées cires. Ce sont ces substances qui sont employées soit pour fabriquer des cires d'abeille artificielles, soit pour falsifier la cire pure actuelle, afin d'en diminuer considérablement le prix de revient.

Nous nous bornerons à citer les principales cires utilisées dans ce but. Ce sont :

La cire de Bornéo, récoltée sur une espèce de Sophora.

La cire du Japon, produite par un arbre de la famille des Anacardiacées, de l'Ile Riu-Tiu.

La cire de Chine, analogue, à la précédente.

La cire de Carnauba, dure et cassante produite par un palmier de l'Amérique du Sud.

Pour terminer cette liste de matières provenant directement du règne végétal, il nous faut encore ajouter la résine, provenant du pin maritime et du pin sylvestre.

Le règne minéral nous donne :

La cérésine ou ozokérite, d'un prix relativement peu élevé et très employée pour cette raison à falsifier la cire pure d'abeilles.

La paraffine, obtenue par le traitement des goudrons de pétrole.

Le règne animal nous donne :

Le suif et la stéarine de consistances opposées et parfois employés comme correctifs, pour donner plus ou moins de dureté ou de blancheur à un produit déjà sophistiqué.

Cette liste de substances ayant toutes des propriétés physiques analogues à celles de la cire pure, est longue. Le profane peut donc se rendre compte de la difficulté qu'il peut y avoir à déterminer ces matières surtout lorsqu'elles sont mélangées. Cette tâche est d'ailleurs à peu près impossible et actuellement, il faut nous contenter de méthodes suffisamment précises permettant de dire seulement si un échantillon est pur ou adultéré, sans qu'il soit toujours commode d'indiquer à quelque matière étrangère attribuer cette falsification.

Nous ne sommes donc pas complètement désarmés devant les fraudeurs, tant s'en faut.

Comme pour le miel, longtemps les chimistes ont tâtonné, mais ils sont arrivés à mettre au point plusieurs méthodes qui donnent maintenant toute satisfaction. Certaines sont basées sur la recherche de la densité,

Cliché *Société centrale d'Apiculture*

Fig. 33. — Recherche des falsifications du miel
1re phase.

toujours délicate, d'autres sur celle du point de fusion ou du point de solidification, d'autres enfin sur l'indice de coagulation, ou la recherche des acides gras.

La cire pure donne avec ces différents procédés de recherche des résultats analogues et toujours comparables, quelle que soit sa provenance. Une falsification de 5 à 10 % est suffisante pour fausser les résultats obtenus avec la cire pure, et l'on peut dire qu'au-dessous de ce taux, le fraudeur n'a pas un intérêt commercial à falsifier, s'il veut retirer des bénéfices de son opération.

Le commerce des produits apicoles falsifiés existe réellement, il fait certes du tort au commerce honnête, mais il ne faudrait cependant pas trop généraliser et voir partout du miel et de la cire frelatés. Cela peut avoir un effet déplorable sur l'esprit du consommateur. A force d'entendre dire que le miel par exemple, est très souvent falsifié, il finit par jeter la suspicion sur tous les produits qui lui sont présentés et par n'en acheter aucun.

Or, l'apiculture française n'entrera dans une ère de prospérité réellement florissante que le jour où la consommation actuelle aura pour le moins été doublée. C'est donc faire œuvre néfaste que de répandre ces erreurs dans le gros public. La fraude existe, c'est certain ; il faut la poursuivre partout où elle se trouve, mais aussi, il faut laver son linge sale en famille, et ne pas colporter au dehors des faits exceptionnels, que les profanes ont bien vite transformés en règle absolue.

Ceci dit, ajoutons que les miels falsifiés proviennent surtout de l'étranger ; et l'Allemagne nous en envoyait en assez grande quantité, avant la guerre.

La falsification porte toujours sur de très grosses quantités et nous avons eu à analyser des échantillons provenant d'envois de 90 à 100.000 kg.

Pour être lucrative, la fraude actuelle doit être industrialisée. Si nous devons être vigilants, c'est donc surtout dans nos ports et aux frontières. Un examen méticuleux de la douane et du service de la Répression des fraudes doit empêcher l'entrée en France des produits apicoles non conformes aux lois actuellement en vigueur, qui protègent comme nous le verrons plus loin le commerce honnête des miels et des cires.

II. RÉPERCUSSION DES FRAUDES

Sans exagérer cependant l'importance de la fraude en matière apicole, il est pourtant nécessaire d'en indiquer la répercussion sur notre production nationale.

Celle-ci par suite de la croisade entreprise depuis plusieurs années par nos Sociétés apicoles, par suite de la difficulté de l'existence qui a fait se tourner vers l'apiculture et les petites industries agricoles, nombre de petits rentiers ou de petits propriétaires, cette production, disons-nous, est en continuel accroissement. La quantité de miel récolté en France augmente d'année en année, plus vite malheureusement que n'augmente la consommation. Il s'ensuit un déséquilibre, une mévente dont souffrent bon nombre de producteurs.

Dans ces conditions, la fraude vient peser lourdement sur le marché et concurrencer déloyalement des produits purs qui ont, bien souvent, du mal à trouver acquéreurs.

De plus, par suite des bas prix auxquels peuvent être livrés au commerce ces produits sophistiqués, l'acheteur non prévenu est tenté. Il achète donc un miel frelaté ou fabriqué de toutes pièces et ne manque pas bien entendu de le trouver détestable. S'il n'est pas par avance gagné à la cause de l'apiculture, il généralisera bien vite et proclamera partout, à qui voudra l'entendre, que le miel est une mixture innommable. La fraude nous porte donc deux fois préjudice : une première fois en dépréciant le miel sur les marchés au point de vue du prix et en augmentant la mévente et une seconde fois, en faussant le goût des acheteurs non éduqués qui répandent autour d'eux des notions inexactes sur le miel des abeilles.

En somme, la fraude industrielle, la seule qui se pratique et soit réellement dangereuse, intéresse tous les apiculteurs, car elle nuit aux intérêts particuliers de chacun d'eux.

Cliché *Société centrale d'Apiculture*.
Fig. 34. — Recherche des falsifications du miel 2ᵉ phase.

A) A la production. — Comme nous le disions tout à l'heure, en augmentant la mévente, et en avilisant les prix. Chaque kilogramme de miel frelaté ou introduit frauduleusement contribue à déprécier le miel honnête, et à augmenter les stocks proposés pour la vente. Par conséquent chaque apiculteur se trouve atteint individuellement par la manœuvre des fraudeurs.

B) Dans le commerce. — Les mêmes remarques s'appliquent au commerce du miel, comme elles viennent de s'appliquer à la production. Les intérêts du vendeur de gros ou demi-gros se trouvent aussi lésés, pour les mêmes raisons.

C) A la consommation. — La répercussion la plus profonde et qui est d'ordre psychologique, concerne la clientèle. Le miel n'est encore apprécié que d'une élite. La masse des consommateurs, faute d'être éduquée suffisamment, ignore les qualités bienfaisantes du miel, ses vertus incomparables. Beaucoup d'entre eux ont même une certaine répulsion pour ce produit merveilleux, qu'ils trouvent trop sucré, qui colle aux mains, qui prend à la gorge, etc... disent-ils. Si donc ils sont trompés sur la qualité de la marchandise vendue, si le miel qu'ils ont cru acheter n'est en réalité qu'un sucre interverti quelconque, ils n'auront aucune envie de rééditer cette première expérience. Ils déclareront autour d'eux que le miel est un produit quelconque. Ce n'est pas un acheteur perdu, c'en est dix, car dans cet ordre d'idées, cette propagande à rebours se fait vite et ses adeptes sont tout de suite nombreux et convaincus.

La fraude entretient donc la méfiance parmi le public, car celui-ci a tendance à généraliser. C'est pourquoi, si la répression énergique et rapide est nécessaire, il est indispensable qu'elle soit discrète et ne soit pas publiée à son de trompe.

Ce qui vient d'être dit pour le miel est exact pour la cire, mais à un degré moindre. En effet, pour la cire d'abeille, la mévente n'existe pas et toutes les quantités disponibles se trouvent facilement et rapidement absorbées par des industries diverses. On peut même dire que la faible production de la cire pure a incité les chimistes et les commerçants à leur trouver des succédanés d'un prix moins élevé et dont il existe des stocks importants dans le monde. Dans cet ordre d'idées, la cérésine est employée couramment. La plupart des cirages, des encaustiques contiennent peu ou pas de cire d'abeilles, mais en revanche beaucoup d'ozokérite.

Même les cierges, qui, théoriquement devraient être constitués selon les rites de l'Eglise par de la cire pure, sont très souvent mélangés de stéarine ou de paraffine, en raison du prix particulièrement élevé de la cire blanche.

Toute l'attention des apiculteurs doit se reporter sur la fabrication de la cire gaufrée, qui doit être exigée chimiquement pure. Nombre d'industriels en effet non pas seulement dans un but de lucre, mais aussi dans le dessein de faciliter leur fabrication, incorporent à leur cire une proportion notable de cérésine, ou même de paraffine pour rendre les feuilles gaufrées plus souples, plus blanches et plus translucides. Ces pratiques doivent être écartées. Elles constituent une fraude véritable, intolérable pour l'apiculture en général et le commerce honnête en particulier.

III. — LÉGISLATION DES MIELS ET DES CIRES.

La loi sur la Répression des Fraudes, du 1er août 1905, protège, d'une manière générale, tous les produits alimentaires. Elle interdit, notamment d'appeler miel pur, un produit qui n'est pas constitué uniquement par du miel d'abeille.

Cette loi, excellente en elle-même, avait cependant un gros défaut, celui de tolérer la fraude qu'elle était censée combattre, en autorisant la vente des produits falsifiés sous la dénomination particulière de *miel de fantaisie*.

Elle donnait en somme la faculté aux fraudeurs d'écouler, sous l'égide et la protection de la loi, les mixtures fabriquées dans leurs laboratoires. De même qu'on vendait du kirsch ou du rhum « de fantaisie », n'ayant qu'un rapport lointain avec le kirsch ou le rhum véritables, de même le commerce pouvait livrer à la clientèle « miel de fantaisie », d'une fantaisie telle que jamais aucune abeille n'avait collaboré à sa fabrication.

On conçoit tout le préjudice apporté par cette loi incomplète à notre apiculture nationale. Tout comme l'épée de M. Prud'homme qui servait à défendre la République, et au besoin à la combattre, la loi du 1er août 1905 défendait bien peu notre miel pur, mais servait surtout les fabricants de miels artificiels.

De tous côtés, les apiculteurs s'émurent ; les Sociétés émirent des vœux, transmis aux Pouvoirs publics, mais il nous fallut attendre jusqu'en 1921 pour obtenir pleine et entière satisfaction.

En effet, une loi spéciale du 15 juillet 1921 interdit l'expression de miel autrement que pour désigner le produit naturel des abeilles. Les expressions : *Miel de fantaisie*, *Miel de sucre*, ou autres, sont interdites et par conséquent la fabrication de ces matières qui venaient, avant cette loi bienfaisante, concurrencer le produit de nos ruchers.

Les sanctions prévues en pareil cas, sont les peines édictées par la loi précédemment citée du 1er août 1905, c'est-à-dire amende et même prison.

En somme, à l'heure actuelle, les apiculteurs sont parfaitement protégés : ne peut être vendu sous le nom de miel que le produit conforme à la définition adoptée par le « Congrès de Genève » en septembre 1908 : *Le miel est la substance que les abeilles produisent en transformant les sucs sucrés recueillis sur les végétaux et qu'elles emmagasinent dans les rayons.*

A cette époque M. Rousseray, Vice-Président honoraire de l' « Union des Syndicats de l'Alimentation en gros », rapporteur de la question, demandait que cette définition fût complétée par les mots suivants : *dans les rayons de cire entièrement construits par elles.*

Cette intention était louable. Elle avait pour but détourné d'empêcher la falsification de la cire gaufrée par la cérésine, notamment. Mais depuis l'apiculture et la Science en général ont progressé et les abeilles américaines, quelques abeilles européennes aussi sans doute, emmagasinent leur miel dans des alvéoles d'aluminium. La première définition se suffit donc à elle-même.

Malgré cette loi de justice et d'équité, nos apiculteurs ne se déclarent pas encore satisfaits. Et ils ont bien raison, car rien n'est parfait en ce monde et l'ingéniosité de certains commerçants ou industriels est bien souvent plus féconde que celle de nos législateurs.

Ces derniers n'ont pas prévu, en effet, que les miels exotiques peuvent être introduits en France, à très bon compte. Grâce à des droits de douane peu élevés, les miels d'Argentine, du Chili, de la Havane, bien que de qualité souvent très inférieure, concurrencent nos miels nationaux sur le marché du Havre ou de Paris. Comme aucun texte n'interdit de débaptiser le miel d'outre-mer pour en faire par exemple du miel du Gâtinais, certains exportateurs ne se gênent pas et vendent comme miel français du miel inférieur provenant des ruchers de l'Amérique du Sud.

Cette façon de procéder est une véritable fraude. Les vignerons de la Champagne ont su se faire protéger par une loi qui délimite parfaitement le vignoble donnant le vin ayant droit à cette appellation. Nul ne peut vendre comme « Chablis » du vin récolté ailleurs que dans le joli chef-lieu de canton du département de l'Yonne, comme « Bourgogne », des vins récoltés dans les départements du Midi, etc.

Les apiculteurs demandent que cette règle loyale leur soit également appliquée. Ils veulent bénéficier des avantages et des dispositions de la loi du 6 mai 1919 sur les « appellations d'origine », qui ne nous donne qu'un droit théorique. Nous sommes encore actuellement, à peu près complètement désarmés devant cette véritable fraude qui consiste à tromper le consommateur français sur l'origine des miels qui lui sont offerts. Et la question est d'autant plus délicate que les pays exportateurs de miels exotiques n'ont pas adhéré à la Convention de Madrid qui règle la question entre les signataires de l'accord.

D'ailleurs cette question de l'appellation d'origine préoccupe depuis longtemps les apiculteurs. Au deuxième Congrès International pour la Répression des Fraudes, tenu à Paris du 17 au 24 octobre 1919, le rapporteur de la question « miel », émettait le vœu suivant, en ce qui concerne les dénominations géographiques qui ne sont autres, somme toute, que les appellations d'origine :

« L'aspect et surtout le goût du miel dépendant très exclusivement du « parfum des fleurs dont les abeilles se sont nourries, les désignations « telles que : Miel de Narbonne, du Gâtinais, de Bretagne, des Landes, des « Alpes, de Provence, de Lorraine, de Pays, etc... doivent être considérées « comme des désignations géographiques de la provenance du miel vendu *et réservées aux seuls miels français des régions qui les produisent.* »

Cette dernière phrase est caractéristique. Elle résume en somme les desiderata des apiculteurs qui veulent qu'on appelle chien un chien et miel du Gâtinais ou de Bretagne le miel récolté dans ces régions et non aux antipodes.

C'est sur ce point particulier que tous nos efforts doivent porter. S'il est nécessaire, nos Sociétés, notre Syndicat National devront, tout en réclamant l'augmentation des droits de douane sur les miels exotiques, faire pression auprès des élus pour qu'une loi précise ces appellations d'origine et protège nos produits nationaux et régionaux.

Le commerce de la cire pure ne se trouve pas protégé par des lois spéciales. La loi du 1er août 1905 interdit évidemment de vendre sous le nom de cire pure, autre chose que le produit de la secrétion des abeilles. Il nous faut distinguer *la cire pure* proprement dite de la *cire vierge*.

La cire pure est le résultat de la fusion des alvéoles et des rayons. Cette cire, bien épurée est d'une belle couleur jaune, ou d'un marron plus ou moins foncé.

La cire vierge au contraire est blanche. Elle est produite en soumettant la cire jaune à l'action d'un oxydant énergique, ozone, eau oxygénée, du chlore, ou simplement des rayons solaires jusqu'à décoloration complète.

Une véritable transformation moléculaire s'accomplit et rend la cire vierge dure et cassante. Pour y remédier, il est d'usage d'ajouter environ 5 % de suif ou de paraffine à celle-ci pour lui redonner ses qualités primitives. Cette addition n'est pas considérée comme une fraude. Elle est tolérée, mais ne doit pas dépasser le pourcentage indiqué, sous peine de devenir une véritable tromperie.

La provenance de la cire devrait également être protégée par une loi. Cela a une très grande importance en ce qui concerne les cires à blanchir, car certaines et notamment celles des Charentes, de la Bretagne, du Loiret et de l'Eure-et-Loir, se blanchissent très facilement, tandis que celles des Landes, de la Gironde sont beaucoup plus difficiles à traiter.

En résumé, et sous les réserves indiquées plus haut, les lois existantes sont efficaces en ce qui concerne la répression de la fraude. Elles doivent simplement être complétées par des dispositions donnant aux apiculteurs et aux acheteurs une plus grande sécurité quant à la provenance des produits du rucher.

V. — RECHERCHES DES FRAUDES.

Nous allons examiner succinctement comment fonctionne le « Service de la Répression des Fraudes ».

Il existe dans chaque département, en principe au chef-lieu, un laboratoire agricole dans lequel les agriculteurs peuvent, moyennant 1 fr. par dosage, obtenir une analyse sommaire et rapide de toutes les denrées agricoles.

Indépendamment de cela, le « Service de la Répression des Fraudes », organisé également dans chaque département, possède des agents qui se rendent partout, chez les commerçants, dans les foires et les marchés et opèrent des prélèvements inopinés.

Les matières ainsi prélevées sont analysées soigneusement et lorsqu'il y a fraude, le commerçant est prévenu, en même temps qu'une plainte est adressée au Parquet. Des poursuites devant le Tribunal correctionnel sont alors intentées au délinquant.

D'une manière générale, en ce qui concerne le miel, cette répression est suffisante. Elle est même parfois intempestive.

En effet, les prélèvements d'échantillons de miel ou de cire sont assez rares et nos chimistes n'ont que très peu l'occasion d'effectuer des analyses sur des produits de l'apiculture. Il s'ensuit qu'ils manquent en général d'expérience et concluent bien souvent d'une manière inexacte. Nous avons à ce sujet, reçu de nombreuses doléances d'apiculteurs qui avaient été inquiétés par le service de la Répression des Fraudes, alors que les produits mis en vente par eux étaient parfaitement purs et marchands.

Ces faits qui, il y a 15 ou 20 ans, étaient excusables, — car à cette époque la chimie du miel était à peu près inexistante, — ne sont plus tolérables aujourd'hui. Nous connaissons maintenant la nature intime du miel et de la cire : les procédés d'analyse ont été simplifiés et mis à la portée de tous les chimistes qui doivent acquérir une pratique suffisante. Le doute n'est plus permis et les erreurs doivent être l'infime « exception ». En tout état de cause, une courte expertise doit remettre les choses au point.

En ce qui concerne la cire, nous avons vu également que la question était délicate. Mais sur cette matière, la fraude sévit avec beaucoup plus d'intensité et très nombreux sont les échantillons de cires du commerce qui sont falsifiés. Le service de la Répression des fraudes fonctionne dans les mêmes conditions, mais comme toujours les méthodes réellement pratiques ont un sérieux besoin d'être diffusées dans l'intérêt de tous, chimistes et apiculteurs.

Il existe encore des laboratoires d'analyses privés susceptibles également de donner d'utiles indications sur les questions qui nous préoccupent. A notre avis cependant, lorsqu'un apiculteur ou un commerçant est dans le doute, il est bien préférable pour lui de s'adresser à des spécialistes. Dans cet ordre d'idées, sans vouloir prendre ici parti pour qui que ce soit, disons que nos groupements apicoles sont tout indiqués. Les Sociétés d'apiculture, la Fédération et le Syndicat National sont parfaitement à même de connaitre ces questions et de les résoudre au mieux des intérêts en présence. Ces collectivités possèdent pour la plupart une organisation leur permettant de faire analyser par de véritables spécialistes, ayant une longue expérience, habitués aux nombreuses particularités qui se présentent en pareil cas, tous les échantillons de miels et de cires qui peuvent leur être soumis.

Les résultats ainsi obtenus seront toujours rapprochés avec fruit de ceux des experts officiels près les Tribunaux, lorsque la contestation aura été soumise au jugement impartial de « Thémis ». Et la recherche de la vérité n'en sera que plus rapide, plus claire et plus certaine.

M. le Président. — Messieurs, vous savez combien est complexe la question des falsifications du miel. Nous connaissons tous les remarquables travaux exécutés par M. Caillas dans le domaine des falsifications et la mise au point des moyens de recherches de ces dernières. Nul n'était donc plus qualifié que M. Caillas pour traiter d'une manière aussi précise et documentée cette importante question du programme du Congrès.

Je suis l'interprète de tous en adressant au distingué rapporteur nos meilleurs remerciements pour son travail si intéressant et si instructif.

M. Goynard. — Nous savons que beaucoup de miels français sont mélangés à certains miels exotiques et ensuite livrés à la consommation comme miels français.

En vue de la protection du miel de France, je demanderai au Congrès de bien vouloir adopter le vœu suivant:

« Qu'une proposition de résolution soit déposée au Parlement pour que les

miels étrangers importés en France soient suivis jusqu'à la vente au détail, d'un certificat d'origine.

Le vœu mis aux voix est adopté à l'unanimité.

M. le Président. — Nous devons nous rappeler que nous avons le droit de poursuivre devant les tribunaux le vendeur d'un mélange de miels français et étranger à condition que nous soyons à même de prouver la fraude en remontant à l'origine du produit, et d'établir que ce miel est vendu sous le nom de miel français.

M. Goynard. — Nous pourrions décider que le miel français soit présenté si possible avec une étiquette spéciale, portant le timbre de la société d'apiculture à laquelle appartiendrait le vendeur. Ces étiquettes pourraient à la rigueur être fournies par chaque société.

M. le Président. — Tout ce que nous pouvons faire, c'est d'inviter les apiculteurs à faire usage de la loi sur les appellations d'origine.

M. Galland. — Le Gâtinais reçoit des miels d'Haïti ; il serait intéressant de connaître comment et sous quelle dénomination sortent de la région ces miels exotiques.

M. Giraud. — D'après certains renseignements que j'ai pu obtenir, j'ai la conviction que cette année plus de 20 tonnes de miels étrangers ont été mélangés à nos miels de Bretagne.

Aussi la Société d'Apiculture de la Loire-Inférieure a-t-elle décidé que les miels de ses adhérents seront distingués à l'aide d'une étiquette spéciale apposée sur le fût ou l'emballage.

M. Danguy. — Il paraît indispensable de défendre nos miels contre la concurrence des produits étrangers. Les boites de conserves de poissons portent imprimées sur le métal le nom « France », ne pourrions-nous pas faire de même pour nos miels ?

M. le Président. — Ce que vient de dire M. Danguy est très intéressant. Mais, à première vue, il paraît difficile d'exiger du petit apiculteur d'imprimer ce nom sur tous les emballages.

M. Danguy. — Une étiquette serait d'un grand secours pour les agents de la Répression des Fraudes ; elle leur permettrait en effet de constater ces dernières.

Ne pourrait-on pas faire suivre le mot « France » du nom du département d'origine ?

M. le Président. — Je propose au Congrès d'émettre le vœu suivant :
« *Que les miels du Pays soient distingués par une étiquette portant le*

mot « France » suivi s'il y a lieu d'une mention suffisamment caractéristique permettant de situer le lieu d'origine. (Adopté à l'unanimité).

M. Mathieu. — Dans son intéressant rapport M. Caillas signale que la cire gaufrée pour être rendue moins cassante est souvent additionnée de paraffine.

Suivant le procédé dont on se sert pour la fabrication de la cire gaufrée, celle-ci est cassante ou non. La souplesse des feuilles gaufrées n'implique pas forcément que la cire gaufrée soit falsifiée.

En qualité de Président de la « Chambre Syndicale de l'Industrie apicole française», je tiens à déclarer que notre groupement s'associera à toutes les recherches ayant pour but de déceler la fraude parmi les cires gaufrées actuellement vendues dans le commerce.

M. Mamelle. — En vue de paralyser les fraudes sur les cires mélangées (cires à parquet, cire de ménage) il y aurait lieu également d'émettre le vœu suivant :

« *Que les cires mélangées (cires à parquet, cire de ménage, etc...) portent imprimées sur le pain, le pourcentage de cire pure d'abeille qu'elles contiennent.* (Le vœu mis aux voix est adopté à l'unanimité).

En ce qui concerne la protection des produits dérivés du miel, je propose les vœux suivants :

PREMIER VŒU. — *Que les produits dérivés du miel ; pains d'épices, bonbons, etc..., destinés à l'alimentation ne puissent être vendus qu'avec l'indication du pourcentage de miel pur contenu dans ces produits.*

DEUXIÈME VŒU. — *Que la dénomination de « pains d'épices » ne puisse être appliquée qu'à un mélange de farines, de* miel pur, *d'épices avec ou sans jaune d'œuf.*

(Les deux vœux sont adoptés à l'unanimité).

Clôture du Congrès.

M. Poher. — L'Administration de la Compagnie d'Orléans a provoqué et suivi avec le plus grand intérêt les travaux de ce Congrès. Elle a été heureuse en collaborant activement à son organisation, d'apporter son tribut au développement d'une branche si intéressante de notre agriculture, à un moment où le salut du Pays est dans un effort général pour une plus grande production.

Produire pour les besoins du Pays, produire pour réduire les achats à l'étranger et exporter en vue de l'amélioration de notre franc.

Nous ne doutons pas que chacun de nous ne s'attachera à mettre en pratique ou à faciliter l'exécution des décisions prises au cours de ce Congrès. Nous en attendons des réalisations fécondes et nous serons heureux pour notre part d'y contribuer dans la mesure de nos moyens.

M. le Président. — Avant de clôre le « Premier Congrès National d'Apiculture commerciale » permettez-moi d'adresser tous nos remerciements à Messieurs les Rapporteurs dont les remarquables études nous ont si vivement intéressés, et dont nous retirerons tous de précieux enseignements.

Merci d'être venus si nombreux à cette manifestation et d'avoir pris part pendant ces deux jours de travail assidu aux discussions parfois vives, toujours cordiales de nos travaux.

Je remercie la Compagnie d'Orléans en la personne de son représentant M. Poher, Ingénieur de ses Services Commerciaux. J'espère que cette Compagnie à qui nous devons l'initiative de ce Congrès, voudra bien persévérer dans ses efforts en faveur de notre production apicole.

Puissent les travaux du « Premier Congrès National d'apiculture commerciale » marquer une étape sérieuse pour l'avenir de l'apiculture française.

MM., quelqu'un demande-t-il la parole de l'ensemble des vœux émis au cours de ce Congrès ?

Vœux.

I. — PRODUCTION

Premier vœu. — Que les mesures déjà prises par le Ministère de l'Agriculture et certaines Compagnies de Chemins de fer pour favoriser le développement de l'apiculture et en particulier la production du miel soient continuées et intensifiées. Que nos laboratoires scientifiques, tels que ceux de l'Institut des Recherches Agronomiques et de l'Institut Pasteur, se mettent immédiatement à l'étude des maladies de nos ruchers et que des mesures officielles soient prises pour entraver le progrès de ces maladies en particulier de la « loque ».

Deuxième vœu. — Que l'intensification de la production porte principalement sur les sortes de miels dont la vente est actuellement la plus active et que des débouchés nouveaux soient recherchés pour le miel de « plaine ».

Troisième vœu. — Que dans les expositions, les récompenses ne soient pas accordées au plus bel étalage, mais aux meilleurs produits classés par catégories, déterminées d'après les régions d'où ils proviennent.

II. — COMMERCE

Quatrième vœu. — Que le coefficient appliqué aux droits de douane sur les miels étrangers, soit relevé suivant la requête récente qui en a été faite à M. le Ministre des Finances.

Cinquième vœu. — Qu'une proposition de résolution soit déposée au Parlement pour que les miels étrangers importés en France soient suivis jusqu'à la vente au détail d'un certificat d'origine.

Sixième vœu. — Que les miels du Pays soient distingués par une étiquette portant le mot « France » suivi, s'il y a lieu, d'une mention suffisamment caractéristique permettant de situer le lieu d'origine.

Septième Vœu. — Que l'attention du Gouvernement général de l'Algérie et des Pays de protectorat de l'Afrique du Nord soit attirée sur l'importance qu'il y aurait à favoriser la production de la cire d'abeille en raison des débouchés que cette cire est susceptible de trouver en France.

Huitième Vœu. — [Que le « Syndicat National » ou un Groupement de Négociants en miels prenne l'initiative d'intensifier l'exportation des miels français et des dérivés du miel, grâce aux bons offices [de nos Attachés

Commerciaux à l'Étranger et des agents privés spécialisés dans le placement des miels et produits du miel.

III. — TRANSPORTS

NEUVIÈME VŒU. — Que l'attention de M. le Ministre des Travaux Publics et des Administrations de Chemins de fer soit appelée sur l'intérêt que présenterait une tarification plus réduite que celle actuellement en vigueur pour le transport des ruches peuplées, en vue de faciliter l'extension et l'amélioration de la production apicole dans les différentes régions de la France.

DIXIÈME VŒU. — Que des modèles de récipients standardisés pour le transport du miel en France et pour l'exportation soient étudiés sous l'égide de la Fédération Nationale des Sociétés d'Apiculture de France et qu'un concours soit ouvert entre les industriels, en vue de leur fabrication solide, en série et à bon marché.

IV. — DÉBOUCHÉS. — INDUSTRIES ANNEXES. — FRAUDES

ONZIÈME VŒU. — Que les apiculteurs bénéficient pour la distillation des hydromels de la loi appliquée aux bouilleurs de crus.

DOUZIÈME VŒU. — Que la dénomination de « pains d'épices » ne puisse être appliquée qu'à un mélange de farines, de *miel pur*, et d'épices avec ou sans jaune d'œuf.

TREIZIÈME VŒU. — Que nos fabricants de pains d'épices recherchent la qualité du produit et intensifient la fabrication des pains d'épices fins, comme celle d'une spécialité française, susceptible d'être exportée avec profit.

QUATORZIÈME VŒU. — Que les produits dérivés du miel : pains d'épices, bonbons, etc... destinés à l'alimentation ne puissent être vendus qu'avec l'indication du pourcentage de miel pur contenu dans ces produits.

QUINZIÈME VŒU. — Que les cires mélangées (cires à parquet, cires de ménage, etc...) portent imprimées sur le pain, le pourcentage de cire pure d'abeille qu'elles contiennent.

SEIZIÈME VŒU. — Que la question de l'utilisation du miel comme anticongelant, dans les radiateurs d'automobiles soit étudiée et mise au point en vue d'ouvrir un débouché nouveau à notre production apicole.

V. — PROPAGANDE ET PUBLICITÉ

Dix-septième Vœu. — Le Congrès considérant les résultats favorables obtenus par le fonctionnement de la Caisse de propagande du « Syndicat National d'Apiculture » exprime le vœu que l'action de celui-ci soit intensifiée et que cette action s'étende à toutes les régions de la France.

Dix-huitième Vœu. — Le Congrès exprime le vœu que les grands groupements apicoles collaborent étroitement à l'intensification de la production, à l'organisation de la vente et au développement des débouchés des produits du rucher. Que les modalités de cette collaboration soient étudiées très prochainement dans un but d'intérêt général.

M. le Président. — Les vœux sont adoptés. Le Bureau du Congrès est chargé de les transmettre aux Pouvoirs publics et Administrations compétentes, et d'en poursuivre dans la mesure du possible la réalisation.

MM. je déclare clos le « Premier Congrès National d'Apiculture Commerciale ».

Cliché *Agriculture nouvelle.*

Fig. 35. — Journées apicoles de Chateauroux-Mai 1923.

I

ACTION DE PROPAGANDE DES ADMINISTRATIONS DE CHEMINS DE FER EN FAVEUR DE L'APICULTURE

———

En vue d'intensifier les productions apicoles dans les régions desservies par ses lignes, la Compagnie du **Chemin de fer de Paris à Orléans** a entrepris depuis plusieurs années, une active propagande auprès des agriculteurs de son réseau.

C'est ainsi qu'en juillet 1920, cette Compagnie organisait en collaboration avec la Direction des Services agricoles et les diverses Sociétés intéressées de l'Indre, les *Journées apicoles de Chateauroux* qui eurent lieu les 1ᵉʳ, 2 et 3 juillet au rucher-école du Syndicat des apiculteurs du Berry.

Ces journées avaient pour but l'éducation théorique et pratique nécessaire à l'exploitation rationnelle du rucher. Suivant un programme bien défini, durant trois jours, des apiculteurs expérimentés venus des différentes régions du réseau, firent d'intéressantes causeries appuyées de démonstrations pratiques à l'aide d'appareils apicoles modernes.

Ces leçons de choses mises à la portée des débutants furent suivies par un public nombreux auquel était venu se joindre sur l'invitation de la Compagnie, un certain nombre d'agents de ses services de la Voie.

A la suite du grand succès remporté à cette occasion, et sur les sollicitations du Monde agricole, les Journées apicoles de Chateauroux furent renouvelées fin mai 1923 lors de la « Grande Semaine Berrichonne ». Un important auditoire prit part à cette manifestation, notamment des Délégations des différentes Sociétés d'apiculture du Centre, de l'Ouest et du Sud-Ouest.

Pour sanctionner ces manifestations dans son domaine et en vue de faciliter à ses agents leurs débuts en apiculture, des avantages spéciaux furent accordés à titre d'encouragement par la Compagnie sur le prix d'achat des ruches.

Continuant sa propagande, la Compagnie d'Orléans répandait en 1923 dans les régions agricoles desservies par son réseau *un tract* qui, tout en démontrant les nombreux avantages de l'apiculture à la ferme, résumait les conditions indispensables à la bonne conduite du rucher et à la commercialisation de ses produits.

En 1922 et 1923, afin de mieux faire connaître aux apiculteurs et agriculteurs de son réseau le matériel moderne d'apiculture dont l'emploi est susceptible d'intensifier la production, elle organisait *une série d'Expo-*

Cliché *Agriculture nouvelle.*

Fig. 36. — Exposition ambulante apicole, P. O. — Le matériel d'Apiculture.

sitions ambulantes, qui obtinrent le plus vifs succès auprès des populations rurales.

Deux wagons de grand modèle aménagés contenaient l'un les principaux types de ruches (Dadant-Blatt, Layens, Voirnot), l'autre tous les accessoires apicoles (enfumoirs, nourrisseurs, extracteurs, maturateurs, etc...) ainsi que divers échantillons des produits du rucher et une collection complète des différents modèles d'emballages à préconiser. Des tableaux rappelant l'histoire naturelle de l'abeille et les principales méthodes d'élevage, complétèrent l'aménagement.

Ces wagons circulèrent successivement dans le Limousin, le Gâtinais, l'Angoumois, la Touraine, le Poitou et la Bretagne, s'arrêtant dans des gares préalablement choisies, notamment les jours de foire ou de marché, de façon à permettre aux apiculteurs, agriculteurs, fermières, élèves des écoles etc.., de venir nombreux visiter cette Exposition.

Ces démonstrations furent complétées par des causeries sur les améliorations pratiques à apporter dans l'exploitation de nos ruchers.

Enfin à l'occasion de nombreuses manifestations apicoles organisées sur son réseau, la Compagnie d'Orléans a *accordé sa collaboration aux diverses sociétés régionales par l'attribution de nombreuses récompenses, diplômes, plaquettes artistiques, médailles etc..*, destinées aux lauréats des divers concours.

La Compagnie des chemins de fer du Midi a également, depuis plusieurs années, exercé une active propagande en faveur du développement de l'apiculture.

Le service agricole de cette Compagnie a eu fréquemment l'occasion d'aider de ses conseils les apiculteurs à qui il fournit une documentation appréciée et qu'il convie à des voyages d'études.

C'est ainsi qu'en 1913 sous l'égide de la Compagnie du Midi de nombreux agriculteurs du Sud-Ouest prirent part aux « Journées apicoles de Châteauroux ».

Enfin, cette Compagnie se préoccupe de réaliser prochainement un projet d'exposition ambulante, en collaboration avec les organisations professionnelles qui ont leur siège dans les régions desservies par ce réseau.

L'intensification de l'apiculture figure également au programme d'action du service agricole de la **Compagnie des chemins de Paris à Lyon et à la Méditerranée**, notamment par l'octroi de récompenses, à l'occasion de divers concours sur son réseau.

En résumé, les Compagnies de chemin de fer qui possèdent des services de propagande agricole exercent sous de nombreuses formes une action favorable au développement de l'apiculture dans les diverses régions du Pays. Cette action déjà si efficace paraît devoir être élargie en collaboration avec les sociétés d'apiculture au bénéfice de notre production nationale.

II

COMMENT DÉVELOPPER L'APICULTURE
A LA FERME [1]

L'insuffisance de notre production apicole a pour conséquence d'attirer chaque année dans notre pays les miels et cires de l'étranger.

Les statistiques du Ministère de l'Agriculture indiquent pour 1919 une récolte totale de 4.716.000 kg. de miels et de 523.000 kg. de cire, alors que pour cette année, les statistiques douanières accusent une importation de : 2.775.000 kg. de miels d'une valeur de 13.318.000 fr. ; 1.334.300 kg. de cire d'une valeur de 7.988.000 fr., montrant ainsi le déficit de notre production.

On doit s'étonner que la France si propice au développement de l'apiculture, notamment avec la richesse de sa flore mellifère, soit obligée d'acheter à l'étranger et d'exporter ainsi chaque année des capitaux pour plus de 20.000.000 de frs.

Cette situation est d'autant plus anormale que nos miels et cires sont très estimés et atteignent des cours rémunérateurs ; on sait d'autre part que l'abeille favorise la fécondation des fleurs, et que le rucher a ainsi sa place indiquée dans toutes nos régions fruitières.

Un rucher moderne composé de 20 ruches peut fournir en année normale un rendement supérieur à 400 kg. de miels, soit au cours actuel, un revenu de plus de 2.000 fr., avec une mise de fonds modeste et peu d'efforts.

Outre les bénéfices appréciables que l'apiculteur doit retirer du rucher, il trouve dans le miel un excellent aliment familial, remplaçant avantageusement le sucre dans nombre de ses applications.

L'agriculteur s'assurera donc un supplément de revenus et mettra à la disposition de sa famille un aliment sain et agréable en pratiquant l'apiculture. Comment développer l'apiculture à la ferme ?

PAR L'UTILISATION D'UN MATÉRIEL MODERNE

Les ruches modernes permettent l'obtention de rendements supérieurs, grâce à la facilité d'augmenter leur capacité. Beaucoup plus grandes que les types vulgaires, elles évitent l'essaimage.

(1) Tract rédigé par A. Sonnier, le regretté Président de la Fédération Nationale des Sociétés d'Apiculture de France et répandu à 20.000 exemplaires par les soins de la Compagnie P. O. dans les régions desservies par son réseau.

La présence de cire gaufrée amorcée dans tous les cadres favorise aux abeilles la construction des cellules.

Ces ruches grâce à leurs cadres mobiles sont d'un maniement aisé, simplifiant les manipulations à effectuer.

Tout en réunissant les conditions essentielles d'hygiène pour la colonie, elles permettent de se rendre compte de l'état de celle-ci, sans nuire à son activité. La lutte contre les ennemis et maladies y est rendue plus facile.

Enfin tout en assurant la récolte d'un miel très propre, elles per-

Cliché *Agriculture nouvelle*.

Fig. 37. — Exposition ambulante apicole. P. O. — Les accessoires et les produits de l'apiculture.

mettent, grâce à la possibilité de transposition de cadres d'une ruche dans l'autre, de renforcer les colonies faibles.

L'usage d'un modèle unique de ruches dans le rucher. — Un rucher bien constitué ne doit posséder, autant que possible, qu'un modèle de ruche, dont la capacité intérieure est proportionnelle à la valeur mellifère de la région.

L'emploi des accessoires appropriés. — Entre tous, l'enfumoir paraît le plus important. Un voile, un racloir, une brosse sont également des objets indispensables.

PAR UN RUCHER BIEN ÉTABLI

La quantité de ruches à installer sera proportionnelle aux ressources mellifères du lieu. On n'augmentera que progressivement leur nombre avec l'importance croissante des récoltes.

Avec certaines précautions. — Avant d'arrêter l'emplacement, l'apiculteur portera son attention sur les distances légales à observer, relatives aux routes ou propriétés voisines. Il conviendra à cet effet de se renseigner sur les usages locaux.

Dans un emplacement convenable. — En principe, le rucher pourra être établi dans un jardin, un verger, un champ, une prairie, à la lisière d'un bois, en rase campagne, en plaine ou en montagne. On choisira de préférence un point abrité des vents.

L'installation des colonies en arrière de haies touffues ou de murs sera indispensable dans les situations froides à courants d'air.

Si le terrain est en pente, orienté au Sud et conséquemment très chaud, on placera des abris artificiels ; l'ombre fournie par les grands végétaux, notamment par les arbres fruitiers sera alors des plus bienfaisante.

On évitera l'excès de chaleur occasionné dans certains cas par le rayonnement des murs, en éloignant les ruches de plusieurs mètres de ces murs.

Les mauvais effets de l'humidité seront combattus en plaçant les ruches sur des socles ou traverses, élevés de $0^m,35$ au-dessus du sol.

On évitera d'ailleurs les bas-fonds marécageux.

Avec une bonne orientation. — Le placement des ruches aura lieu en lignes régulières distantes de 3 ou 4 mètres, en quinconce.

Il sera toujours préférable d'orienter l'entrée des ruches du côté du levant ou du Sud-Est ; au printemps on masquera l'entrée du trou de vol au moyen d'une planchette ou d'un volet mobile. Si l'on ne dispose que d'un espace restreint, on orientera les ruches dans des directions diverses.

PAR DE FORTES COLONIES

Le peuplement se fera avec des colonies fortes, dont la reine est encore en pleine activité. Les essaims primaires seront à préférer. L'apiculteur viendra au secours des colonies faibles, en les réunissant, ou par l'apport de couvain. Il veillera au remplacement des reines âgées ou faibles.

Il sera avantageux d'empêcher l'essaimage dans les ruches trop populeuses en intercalant en mai au milieu du nid à couvain deux cadres garnis de cire gaufrée, et en augmentant la capacité des ruches.

PAR DES VISITES APPROPRIÉES

Quelques visites par une température douce, quand les butineuses sont aux champs, suffisent à la bonne conduite d'un rucher.

Au cours de l'année elles peuvent être limitées à un examen attentif au printemps après les premières sorties des abeilles, à la pose des hausses, à la récolte et à la mise en hivernage.

La visite du printemps aura pour but :

a) De s'assurer que chaque ruche est populeuse et possède des provisions en quantités suffisantes ;
b) De s'assurer la présence du couvain ;
c) De vérifier l'état des gâteaux ;
d) D'exécuter le nettoyage intérieur de la ruche.

La pose des hausses aura lieu en mai lorsque les abeilles commenceront à blanchir la cire, qui se trouve sur les côtés du dessus des cadres.

PAR DE BONS HIVERNAGES

C'est vers la deuxième quinzaine de septembre qu'il y a lieu de procéder généralement à la mise en hivernage. Il est très important que les abeilles hivernent bien, dans ce cas seulement la récolte du miel, l'année suivante, est assurée.

Ce sont les fortes colonies qui hivernent le mieux et dépensent proportionnellement le moins de nourriture.

Une excellente population doit peser au moins 500 gr.

Avec une quantité suffisante de nourriture. — La quantité de miel absorbée par une colonie pendant l'hiver est variable : des temps doux portent à une plus grande consommation. Cette consommation s'élève généralement à partir de février.

Dix-huit à vingt kilos de provisions paraissent nécessaires à une colonie moyenne pour un bon hivernage. Si la récolte est jugée insuffisante, il faut sans hésiter, la compléter au moment de la mise en hivernage, soit au moyen de nourrisseurs, soit en empruntant des rayons à d'autres ruches abondamment pourvues.

Dès les premiers jours du printemps, afin de stimuler la ponte de la reine, dans les régions à miellée hâtive, en particulier dans celles à légumineuses, il est avantageux de procéder du 1er au 10 avril, soit 40 jours avant le début de la miellée, à un nourrissement stimulant en donnant à la colonie, deux fois par semaine, un sirop de miel, ou de sucre.

Des précautions contre les intempéries. — L'humidité est très nuisible aux ruches, elle gêne la respiration et la transpiration des abeilles ; elle provoque la dysenterie de l'abeille et la moisissure des rayons.

L'accumulation de neige sur les ruches constitue une protection contre les grands froids. Le soleil d'hiver est néfaste, car il invite les abeilles à sortir. On y obvie en plaçant devant les ouvertures d'entrée une petite planche. Les bourrasques et tempêtes peuvent provoquer le renversement des ruches.

Une ventilation suffisante. — On devra établir une ventilation suffisante par un double courant d'air, l'un en bas, d'avant à l'arrière, et l'autre de bas en haut, ce dernier très faible. Elle chassera l'acide carbonique, empêchera l'humidité de s'accumuler et de provoquer la moisissure des rayons, et entretiendra une température intérieure moins élevée.

On laissera le trou de vol largement ouvert en largeur, en ayant soin de ne pas dépasser 8 mm dans le sens de la hauteur, afin d'éviter l'introduction d'animaux nuisibles.

Le dessus des cadres sera recouvert par une matière perméable et poreuse.

Une tranquillité absolue du rucher. — Le repos des colonies ne doit pas être troublé. Un léger choc peut mettre les abeilles en émoi et par là augmenter la consommation. Un choc violent peut désunir le groupe d'abeilles et celles qui, isolées tomberont sur le plateau, peuvent périr par le froid.

Le manque d'air, la disparition de la reine, l'introduction d'ennemis : souris, etc., ou une cause quelconque provoquent parfois une mauvaise hibernation.

PAR DES PROCÉDÉS RATIONNELS DE RÉCOLTE ET DE MATURATION

Récolte. — L'époque de celle-ci varie suivant les ressources de la région au point de vue mellifère.

En principe, on peut récolter : en juin, commencement de juillet, les miels blancs d'acacia, de trèfle et de sainfoin ; en juillet, ceux de ronce, de tilleul, des plantes aromatiques et des bois ; vers la mi-septembre, les miels de bruyère et de sarrasin, ou ceux des trèfle et sainfoin, issus des deuxièmes coupes.

Généralement dans les pays à grande culture, la récolte doit avoir lieu dès que les dernières fleurs des prairies artificielles sont sur le déclin. Lorsque la végétation spontanée est abondante et qu'elle comprend : serpolet, sarrasin, bruyère, on peut reculer la récolte, jusqu'à mi-août. Dans certaines régions à arbres fruitiers, légumineuses et bruyères, on a parfois avantage à procéder à deux récoltes échelonnées, la première de miel blanc, la seconde de miel brun.

Les rayons seront bons à être récoltés quand ils seront operculés au 4/5°. Il faudra se garder de retirer ceux possédant du couvain.

La récolte doit se faire au soleil, par un temps calme, entre 10 heures et 15 heures.

On évitera le « pillage » en éloignant immédiatement du rucher les rayons récoltés, et en se gardant de faire tomber du miel autour de la ruche.

Une grande propreté doit présider aux opérations de récolte.

Extraction. — Aussitôt récoltés, les rayons seront conduits dans un local clos où les abeilles ne peuvent pénétrer. L'emploi de l'extracteur mécanique, appareil spécial, agissant par la force centrifuge, permet une extraction complète et rapide sans manipulation désagréable ; le miel obtenu est propre et conserve son arome ; le gâteau de cire restant intact offre l'avantage de fournir aux abeilles des bâtisses bien préparées.

Avant de passer le rayon à l'extracteur, on le désopercule. Cette opération est pratiquée sur un chevalet spécial et s'opère à l'aide d'un couteau dont la lame est maintenue légèrement chaude.

Pour bien conduire l'extraction, il faut : a) être placé dans un local à température élevée ; b) que les rayons soient réchauffés à la température du local ; c) que les cadres soient disposés tout d'abord dans l'extracteur de manière que leurs têtes soient placées dans la direction de la rotation ; d) que la force centrifuge s'exerce lentement au début, afin de ne pas briser les rayons ; e) que lorsque la première face du cadre est aux 2/3 extraite, celle-ci soit retournée, puis vidée à fond sous l'effet d'une rotation rapide ; f) que la force centrifuge s'exerce à nouveau sur le côté primitif du rayon en vue de déterminer l'extraction.

Maturation. — Outre l'air et les gaz, le miel sortant de l'extracteur renferme quelques impuretés, qu'on enlève à l'aide d'un appareil en grès ou fer blanc, muni à sa partie supérieure d'un tamis qui sépare le miel des débris de cire et autres. Le miel se dépose au fond ; les parties supérieures moins denses sont de qualité inférieure et doivent être mises à part. Au bout de quelques jours on enlève la poudre blanchâtre qui s'est formée à la surface du miel qui a ainsi subi une certaine maturation.

PAR UNE PRÉSENTATION SOIGNÉE A LA VENTE

Aussitôt obtenu, le miel doit être placé dans des récipients à fermeture hermétique, en vue de sa conservation et de sa vente ; au bout d'un certain temps il se solidifie en une masse compacte. On peut, à l'aide d'un bain-marie, liquéfier un miel cristallisé, mais cette pratique ne convient pas aux miels fins, car le chauffage atténue l'arome et empêche parfois pour longtemps une nouvelle solidification du produit.

De produits de bonne qualité. — Seuls les miels propres exempts de matières étrangères, extraits dans de bonnes conditions peuvent être livrés aux consommateurs.

Dans de bons emballages. — Le commerce de gros et demi-gros, l'industrie du pain d'épices utilisent le fût en bois ou en métal. On choisit souvent de préférence le fer blanc.

Les fûts en bois présentent parfois l'inconvénient d'occasionner des coulages et de faciliter les fermentations. Les cercles sont fixés avec des pointes. Une couche intérieure de paraffine empêche les suintements.

Avant de recevoir le miel, le fût est lavé à l'eau bouillante, sans soufrer. L'introduction du miel a lieu par la bonde.

Pour la vente directe au consommateur l'apiculteur doit suivre les exigences de sa clientèle. Le miel pourra être présenté dans des pots de verre ou en grès d'une contenance variant de 250 gr. à 5 kilos. L'usage de pots en cartons spéciaux parcheminés ou paraffinés paraît s'étendre.

Les miels destinés à l'exportation sont emballés dans des tonneaux, à parois épaisses.

L'emballage en fer blanc pour le transport, est logé dans un cadre en bois, afin d'éviter les écrasements par les chocs. Les pots en verre ou en carton seront préalablement garnis extérieurement de frisures de bois ou de papier et placés dans des caisses étanches.

Il est recommandé, pour faire connaître ses produits, de placer sur ces emballages une étiquette commerciale illustrée, portant l'adresse du vendeur. Ce dernier peut se créer ainsi une marque faisant ressortir avantageusement les miels et cire de son rucher.

TABLE DES FIGURES

Vannes. — Imprimerie Lafolye Frères et Cⁱᵉ.